全国高职高专院校“十三五”规划教材（自动化技术类）

电气传动技术及应用

主　编　张晓芳　周占怀

副主编　程　伟　刘琳霞　周静红

中国水利水电出版社
www.waterpub.com.cn
·北京·

内 容 提 要

本书结合高职教育的人才培养特点，以电气传动技术的应用为主线，突出能力为本位的教学理念，注重学生职业能力和素养的培养，以项目化形式展开。

本书以初识MM420变频器、基于编码器+变频器的交流电机调速系统、基于PID+变频器的恒压水泵控制、基于步进电机控制的滚珠丝杠传动系统设计、基于伺服电机控制的传动系统设计、基于直流电机的分拣装置等六个典型的项目为载体，完成从设备选型、电气连接到程序编写、调试的工作过程，进而在项目实施过程中完成传动技术的学习。本书所涉及的项目均来自生产一线，有很好的产业背景。

本书适合于电气自动化技术、机电一体化技术、自动化等专业的高职学生使用，也可供自动化专业的技术人员使用。

图书在版编目（CIP）数据

电气传动技术及应用 / 张晓芳，周占怀主编．-- 北京：中国水利水电出版社，2016.9
全国高职高专院校“十三五”规划教材．自动化技术类
ISBN 978-7-5170-4747-6

Ⅰ．①电… Ⅱ．①张… ②周… Ⅲ．①电力传动－高等职业教育－教材 Ⅳ．①TM921

中国版本图书馆CIP数据核字(2016)第227609号

策划编辑：石永峰　责任编辑：李　炎　加工编辑：赵佳琦　封面设计：李　佳

书　名	全国高职高专院校“十三五”规划教材（自动化技术类） 电气传动技术及应用 DIANQI CHUANDONG JISHU JI YINGYONG
作　者	主　编　张晓芳　周占怀 副主编　程　伟　刘琳霞　周静红
出版发行	中国水利水电出版社 （北京市海淀区玉渊潭南路1号D座　100038） 网址：www.waterpub.com.cn E-mail：mchannel@263.net（万水） sales@waterpub.com.cn 电话：（010）68367658（营销中心）、82562819（万水）
经　售	全国各地新华书店和相关出版物销售网点
排　版	北京万水电子信息有限公司
印　刷	三河市铭浩彩色印装有限公司
规　格	184mm×260mm　16开本　10印张　248千字
版　次	2016年9月第1版　2016年9月第1次印刷
印　数	0001—3000册
定　价	23.00元

凡购买我社图书，如有缺页、倒页、脱页的，本社营销中心负责调换

前　言

本书结合高职教育的人才培养特点，以电气传动技术的应用为主线，突出能力为本位的教学理念，注重学生职业能力和素养的培养，以项目化形式展开。

电气传动技术是指用电动机把电能转换为机械能并带动各种类型的生产机械、交通工具和生活中需要运动物品的技术，是通过合理使用电动机实现生产过程机械设备电气化及其自动控制的技术总称。一个完整的电气传动系统包括三部分：控制部分、功率部分、电动机。本教材通过控制相关的传动设备从而控制不同电机的工作状态，达到工业控制的要求。针对目前高职电气自动化专业及机电一体化专业尚没有完善的电气传动技术教材的现状，特编写了此教材。

本书以初识MM420变频器、基于编码器+变频器的交流电机调速系统、基于PID+变频器的恒压水泵控制、基于步进电机控制的滚珠丝杠传动系统设计、基于伺服电机控制的传动系统设计、基于直流电机的分拣装置等六个典型的项目为载体，完成从设备选型、电气连接到程序编写、调试的工作过程，进而在项目实施过程中完成传动技术的学习。本书所涉及的项目均来自生产一线，有很好的产业背景。本书适合于电气自动化技术、机电一体化技术、自动化等专业的高职学生使用，也可供自动化专业的技术人员使用。

本教材的特点：

1．注重典型项目的实施和应用，体现在做中学。

2．以企业真实项目入门，遵循从设备选型、电气连接到程序编写、调试的工作过程，一步步地完成项目的实施。

3．语言轻松，便于学生入门，可以翻转课堂形式开展项目实施，以学生为主体，以完成项目为目标。

本书由张晓芳、周占怀任主编，程伟、刘琳霞、周静红任副主编，秦婧参加编写。张晓芳负责项目四、项目六，周占怀负责项目五，程伟负责项目一，刘琳霞、秦婧负责项目二，周静红负责项目三。全书由张晓芳负责整理定稿。由于编者水平有限，书中如有不足之处，恳请使用本书的读者批评指正。

编　者

2016年5月

目　　录

项目一　初识 MM420 变频器

变频器是利用电力电子半导体器件的通断作用，将工频变换为另一频率的控制装置，是运动控制系统的功率变换器。变频器主要用于交流电动机，在调整频率的同时按比例调整输出电压，从而改变电动机转速，达到交流调速的目的。本项目通过完成西门子 MM420 变频器试运行、电机正反转变频调速控制、用 PLC 实现多段速控制三个任务，熟悉变频器的工作参数、基本功能和基本应用。能根据实际工作任务，完成变频器的基本控制功能的设计与调试，如：连续运行、点动控制、正反转控制、多段速控制等。

任务 1　西门子 MM420 变频器试运行

【学习目标】

一、基本目标

1．掌握变频器的基本组成。
2．了解西门子 MicroMaster 420 通用变频器的主要性能。
3．能正确识别变频器的输入、输出端及控制信号端。
4．了解各常用参数的功能。
5．学会通过面板进行参数设置与修改。
6．能进行西门子 MicroMaster 420 变频器的基本配线。
7．学会变频器的试运行操作。

二、提高目标

1．能对照手册确认变频器的故障类型，并进行参数查找与识别。
2．了解变频调速的应用场合，学会西门子 MicroMaster 420/430/440 通用型变频器的选型。

【任务描述及准备】

一、任务描述

在熟悉西门子 MicroMaster 420 变频器的硬件结构后，进行基本的配线，通过基本操作面板 BOP 进行变频器的试运行。

二、所需工具设备

1．西门子 MicroMaster 420 变频器（例如：6SE6420-2UD17-5AA1），1 台。
2．西门子基本操作面板 BOP，1 只。

3．三相异步电动机，1 台。
4．小型断路器 DZ47-D4，1 只。
5．旋钮，1 只。
6．常用电工工具，1 套。
7．软导线 RV1.0mm^2，1 根。

三、完成任务的步骤

1．认识西门子 MicroMaster 420 变频器。
2．拆卸及更换变频器操作面板。
3．拆卸变频器的机壳盖板。
4．认识变频器的电路简图、接线端子。
5．用基本操作面板 BOP 进行变频器的调试。

【任务实施】

一、认识西门子 MicroMaster 420 变频器

西门子 MicroMaster 420 变频器适用于各种变速驱动装置，尤其适用于水泵、风机和传送带系统的驱动装置。其外形如图 1-1 所示。既可用于单机驱动系统，也可集成到自动化系统中。

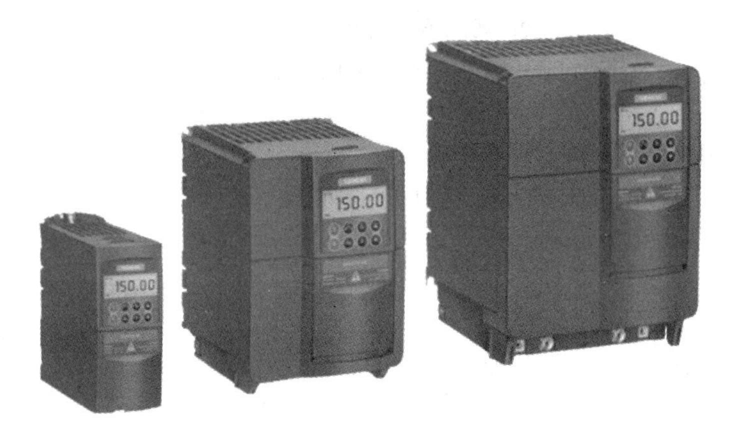

图 1-1　西门子 MicroMaster 420 变频器（安装了 BOP 基本操作面板）

1．性能特点

西门子 MicroMaster 420 变频器是用于控制三相交流电动机速度的装置，有多种型号，从单相电源电压，额定功率 120W 到三相电源电压，额定功率 11kW 可供用户选用。主要性能特点包括：

（1）本变频器由微处理器控制，并采用具有现代先进技术水平的绝缘栅双极型晶体管（IGBT）作为功率输出器件，因此，它们具有很高的运行可靠性和功能多样性。

（2）其脉冲宽度调制的开关频率可根据应用场合进行选择，因而可以降低电动机运行的噪声。

（3）具有全面而完善的保护功能，为变频器和电动机提供了良好的保护。

（4）具有出厂的缺省设置参数，用户只需修改必要的参数，使用方便。

2. 结构类型

西门子 MicroMaster 420 变频器按功率及其结构分为 A 型、B 型和 C 型，如表 1-1 所示。西门子 MicroMaster 420 变频器安装尺寸图（A 型），如图 1-2 所示。

表 1-1 西门子 MicroMaster 420 变频器的分类

箱体尺寸	200V 至 240V，单相/三相交流	380V 至 480V，三相交流
A 型	0.12kW 至 0.75kW	0.37kW 至 1.5kW
B 型	1.1kW 至 2.2kW	2.2kW 至 4.0kW
C 型	3kW 至 5.5kW	5.5kW 至 11kW

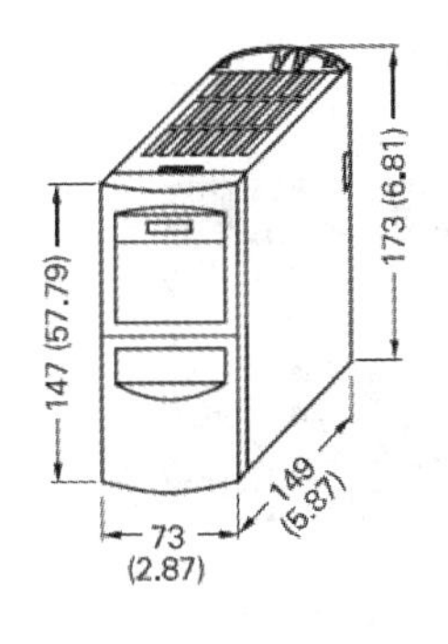

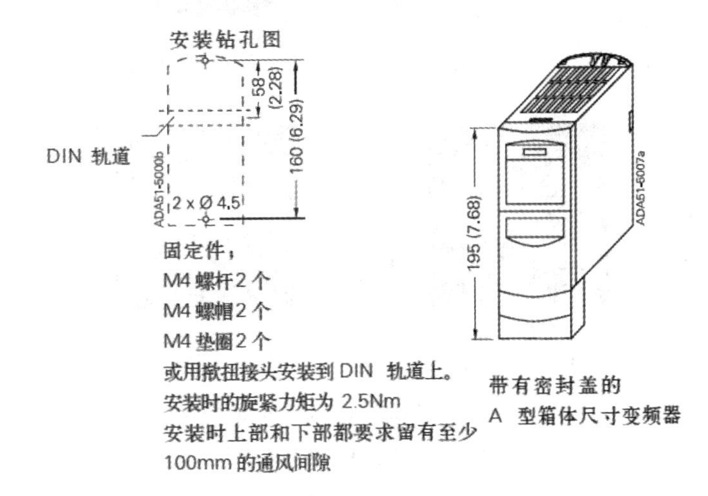

图 1-2 西门子 MicroMaster 420 变频器安装尺寸图（A 型）

二、拆卸及更换变频器操作面板

1. SDP 面板

西门子 MicroMaster 420 变频器在标准供货方式时装有状态显示板（SDP），它通过绿色、黄色指示灯显示相应状态，对于很多用户来说，利用 SDP 和缺省的设置值，就可以使变频器成功地投入运行，如图 1-3 所示。

2. BOP 和 AOP

如果出厂的缺省设置值不符合实际要求，可以利用基本操作板（BOP）或高级操作板（AOP）修改相应参数。BOP 和 AOP 是作为可选件供货的，如图 1-4 所示。

另外，亚洲地区适用的高级操作板（AAOP）是 AOP 操作面板的中国版本，它具有增强的显示功能，支持汉语（简化汉字）和英语的文本显示。

3. 面板的拆卸与更换

变频器操作面板的拆卸与更换步骤如图 1-5 所示。按下变频器顶部锁扣的按钮，向外拔出操作面板就可以将操作面板卸下，然后将要更换的操作面板下部的卡子放在机壳上的槽内，再将面板上部的卡子对准锁扣，轻轻推进去，听到咔的一声轻响，新的面板就被固定在变频器上了。

图 1-3　西门子 MicroMaster 420 变频器（供货方式时安装 SDP 状态显示面板）

图 1-4　西门子 MicroMaster 420 变频器的操作面板

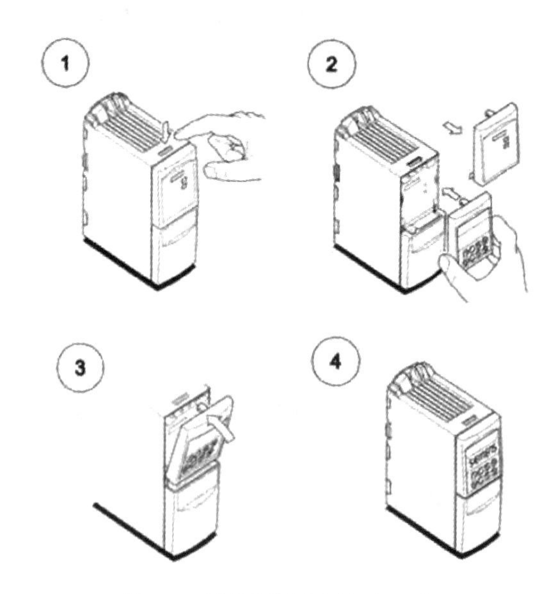

图 1-5　操作面板的拆卸与更换

学生活动：操作面板的拆卸与更换

1．拆卸变频器随货安装的状态显示面板 SDP。

2．更换为基本操作面板 BOP。

三、拆卸变频器的机壳盖板

1．A 型盖板的拆卸

如果想要拆卸 A 型变频器的机壳盖板，可以在卸下操作面板后，将机壳盖板向下方推动，再拔起，就可以将其从固定槽中卸下，如图 1-6 所示。

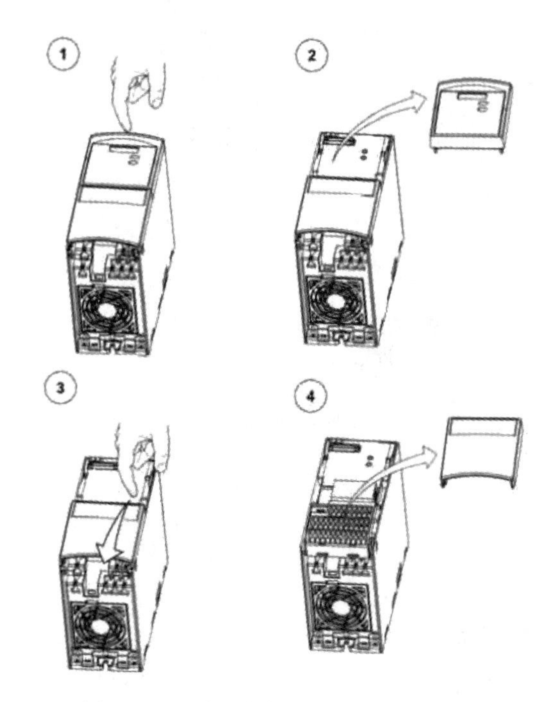

图 1-6　A 型尺寸变频器机壳盖板的拆卸

2．B/C 型盖板的拆卸

若是 B 型或 C 型变频器，卸下这部分机壳盖板后，还要将剩余的机壳盖板部分向左右两侧掰开，将其从机体上卸下，才能最终完成变频器机壳盖板的拆卸工作，如图 1-7 所示。

学生活动：机壳盖板的拆卸

进行 A 型尺寸变频器机壳盖板的拆卸。注意用力均匀，不要使用蛮力而引起损坏。

四、认识变频器的电路简图和接线端子

1．主电路配线

三相电源、变频器、三相异步电动机的连接，如图 1-8 所示。根据 GB5226.1-2008 的 13.2.5 对颜色标识导线的约定，黑色：交流和直流动力回路；红色：交流控制回路；蓝色：直流控制回路。动力回路、保护接地线不小于 2.5mm^2，控制回路不小于 0.5mm^2，具体导线规格可根据电动机容量进行确定。

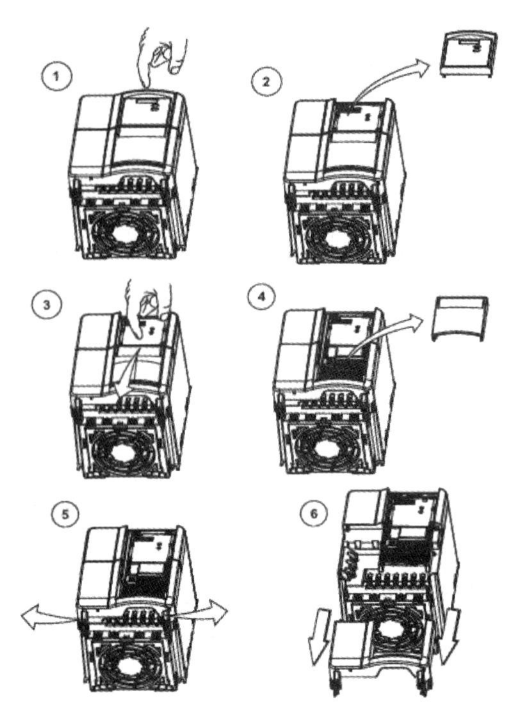

图 1-7　B 和 C 型尺寸变频器机壳盖板的拆卸

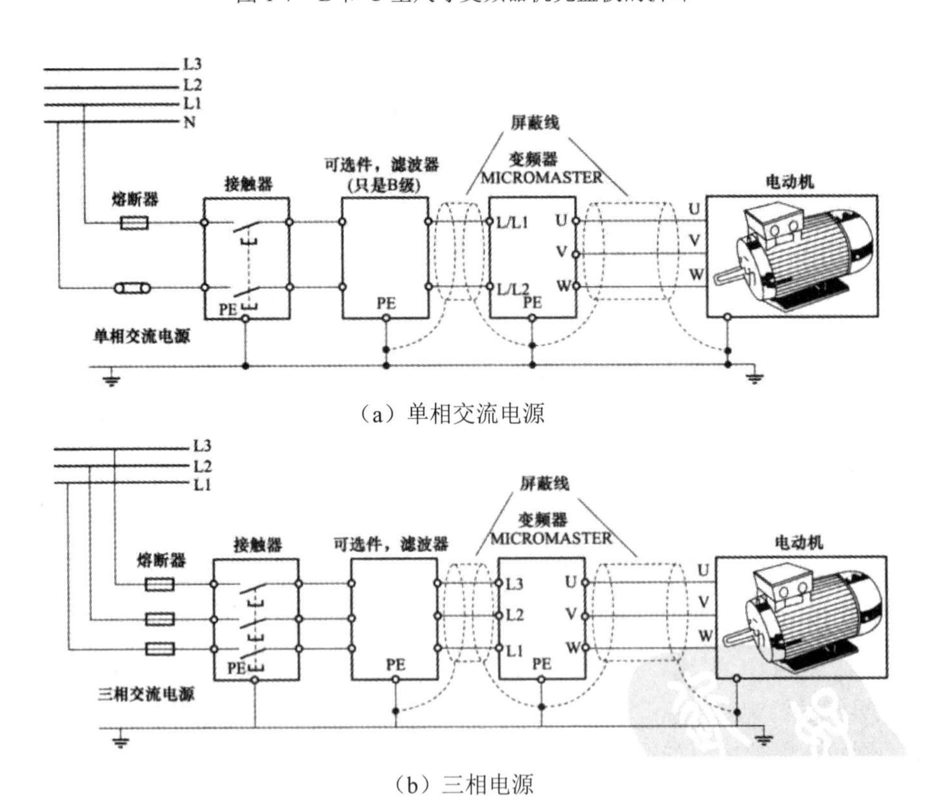

（a）单相交流电源

（b）三相电源

图 1-8　变频器连接电源与电动机的接线图

2. 变频器标准接线图

一般变频器的内部电路分为两大部分：一部分是完成电能转换（整流、逆变）的主电路；另一部分是处理信息的收集、变换和传输功能的控制电路，其内部电路简图如图 1-9 所示（点划线内部分）。

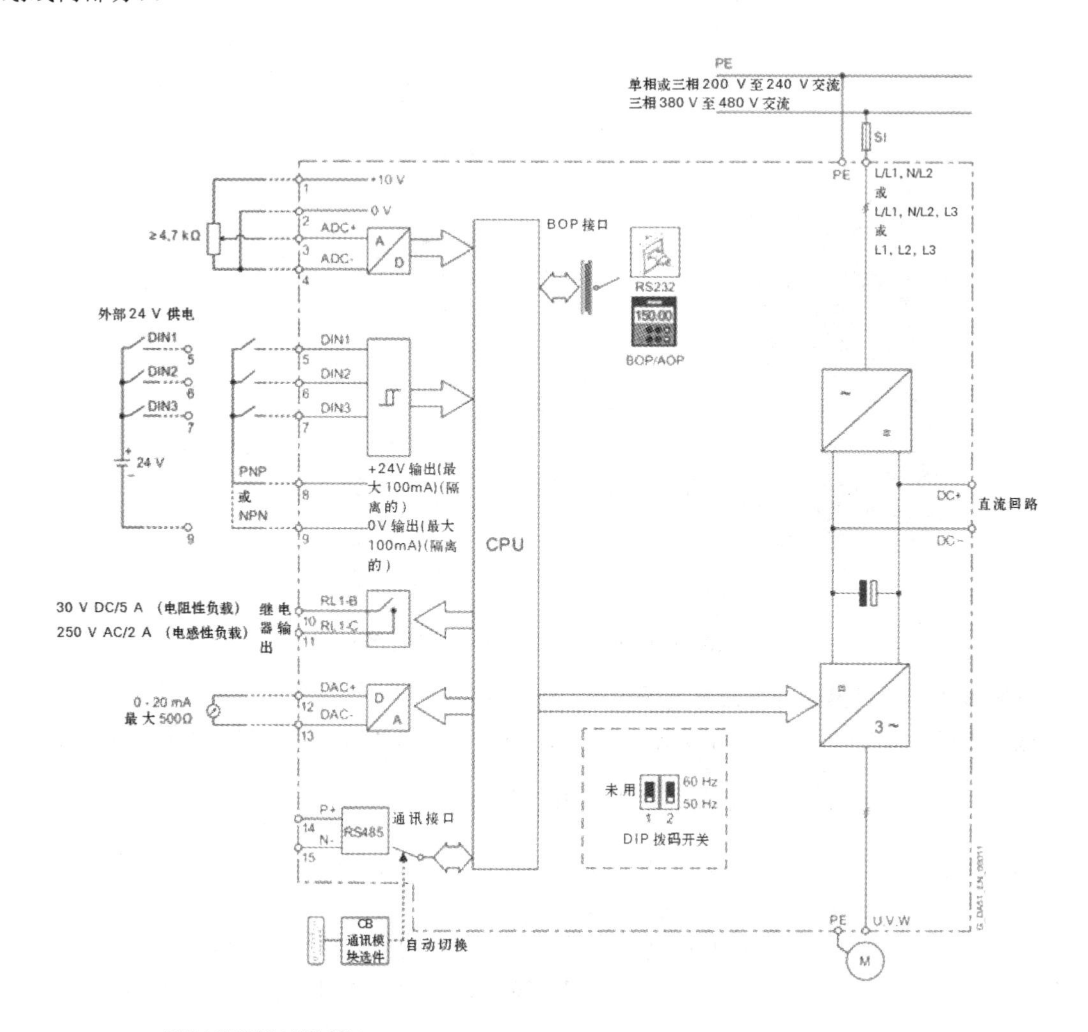

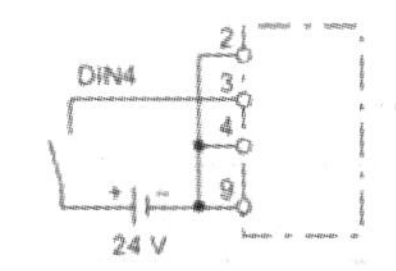

图 1-9　西门子 MicroMaster 420 电路简图及外部接线图

点划线外围的部分为外部接线图，如图 1-9 所示，包括工作电源（L1\L2\L3\PE），模拟信号输入（1～4），数字信号输入（5～9），继电器输出信号（10、11），模拟量输出信号（12、13），RS485 通讯接口（14、15）以及变频输出端（U、V、W），实际使用时接线端要正确连接，不可接错。

学生活动：认识变频器的接线端子

请同学说说西门子 MicroMaster 420 变频器各个接线端子的功能。

3. 识读 MM420 变频器的实际接线端子图

MM420 变频器的实际接线端子的标记及功能如图 1-10 所示。

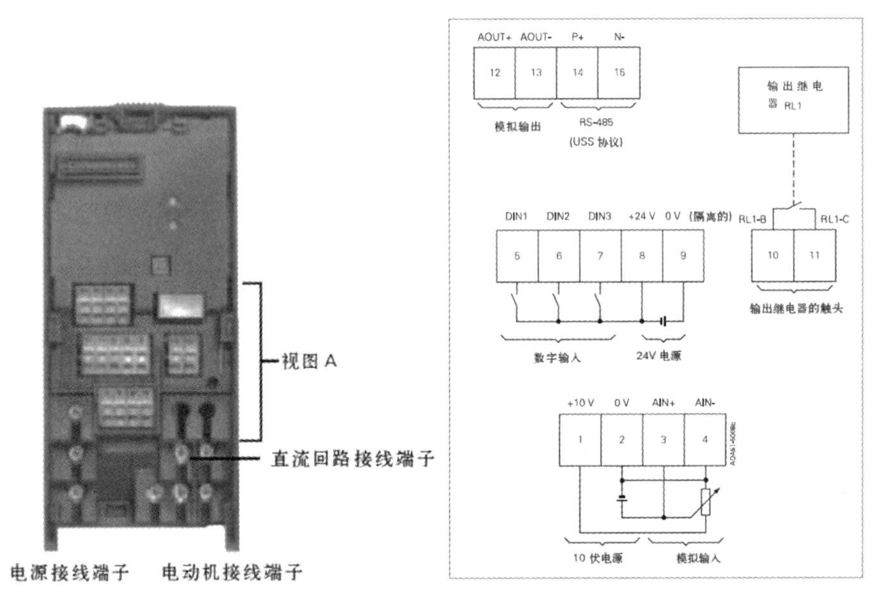

图 1-10 西门子 MicroMaster 420 接线端子图

学生活动：变频器的动力回路的接线

进行西门子 MicroMaster 420 动力回路（三相电源/单相电源、变频器、电机）的接线。

五、用 BOP 基本操作面板进行变频器的调试

利用基本操作面板（BOP）可以改变变频器的各个参数。为了利用 BOP 设定参数，必须首先拆下 SDP，并装上 BOP。

在缺省设置时，用 BOP 控制电动机的功能是被禁止的。如果要用 BOP 进行控制，参数 P0700 应设置为 1，参数 P1000 也应设置为 1。变频器加上电源时，也可以把 BOP 装到变频器上，或从变频器上将 BOP 拆卸下来。如果 BOP 已经设置为 I/O 控制（P0700=1），在拆卸 BOP 时，变频器驱动装置将自动停车。用 BOP 操作时的缺省设置值，如表 1-2 所示。

表 1-2 用 BOP 操作时的缺省设置值

参数	说明	缺省值，欧洲（或北美）地区
P0100	运行方式，欧洲/北美	50 Hz，kW（60 Hz，hp）
P0307	功率（电动机额定值）	1.1kW（hp）
P0310	电动机的额定频率	50 Hz（60 Hz）
P0311	电动机的额定速度	1395/1680rpm（决定于变量）
P1082	最大电动机频率	50 Hz（60 Hz）

1. 基本操作面板（BOP）上的按钮

基本操作面板（BOP）具有 7 段显示的五位数字，可以显示参数的序号和数值，报警和故障信息，以及设定值和实际值，参数的信息不能用 BOP 存储，如表 1-3 所示。

表 1-3　基本操作面板（BOP）上的按钮

显示/按钮	功能	说明
r0000	状态显示	LCD 显示变频器当前的设定值
I	起动变频器	按此键起动变频器。缺省值运行时此键是被封锁的。为了使此键的操作有效，应设定 P0700 = 1
0	停止变频器	OFF1：按此键，变频器将按选定的斜坡下降速率减速停车，缺省值运行时此键被封锁；为了允许此键操作，应设定 P0700 = 1 OFF2：按此键两次（或一次，但时间较长）电动机将在惯性作用下自由停车。此功能总是“使能”的
	改变电动机的转动方向	按此键可以改变电动机的转动方向。电动机的反向用负号（－）表示或用闪烁的小数点表示。缺省值运行时此键是被封锁的，为了使此键的操作有效，应设定 P0700 = 1
jog	电动机点动	在变频器无输出的情况下按此键，将使电动机起动，并按预设定的点动频率运行。释放此键时，变频器停车。如果变频器/电动机正在运行，按此键将不起作用
Fn	功能	此键用于浏览辅助信息。 变频器运行过程中，在显示任何一个参数时按下此键并保持不动 2 秒钟，将显示以下参数值（在变频器运行中，从任意一个参数开始）： 1. 直流回路电压（用 d 表示，单位：V）。 2. 输出电流（A）。 3. 输出频率（Hz）。 4. 输出电压（用 o 表示，单位：V）。 5. 由 P0005 选定的数值，如果 P0005 选择显示上述参数中的任何一个（3，4 或 5），这里将不再显示 连续多次按下此键，将轮流显示以上参数。 跳转功能： 在显示任何一个参数（rXXXX 或 PXXXX）时短时间按下此键，将立即跳转到 r0000，如果需要的话，可以接着修改其他的参数。跳转到 r0000 后，按此键将返回原来的显示点
P	访问参数	按此键即可访问参数
	增加数值	按此键即可增加面板上显示的参数数值
	减少数值	按此键即可减少面板上显示的参数数值

学生活动：认识操作面板上的按钮

认识西门子 MicroMaster 420 变频器基本操作面板（BOP）上的按钮功能。

2. 用基本操作面板（BOP）更改参数的数值

改变参数 P0004 值的方法和步骤见表 1-4。按照这个表中说明的类似方法，可以用 BOP 设定变频器的任何一个参数。

表 1-4 改变参数 P0004 参数过滤功能

操作步骤	显示结果
1. 按P访问参数	r0000
2. 按▲直到显示出 P0004	P0004
3. 按P进入参数数值访问级	0
4. 按▲或▼达到所需要的数值	3
5. 按P确认并存储参数的数值	P0004
6. 使用者只能看到命令参数	

说明：修改参数时有时会出现忙碌信息，BOP 会显示 P----，这表明变频器此时正在忙于处理优先级更高的任务。

学生活动：变频器参数的修改

使用西门子 MicroMaster 420 变频器基本操作面板（BOP）更改变频器的 1～2 个参数值。

六、变频器试运行

（1）设定基本参数

P0010 = 0（为了正确地进行运行命令的初始化）。

P0700 = 1（使能 BOP 操作板上的起动/停止按钮）。

P1000 = 1（使能电动电位计的设定值）。

复位变频器时，P0010 必须设置成 30（出厂设置），然后才能将 P0970 设置为“1”。大约经过 10 秒变频器将把所有参数自动复位成缺省设置。

上述参数其他设定值的含义见表 1-5。

表 1-5 P0010、P0700、P1000 参数表

参数代码	功能	设定数据
P0010	调试参数过滤器：0 准备；1 快速调试；2 变频器；29 下载；30 出厂的缺省设定值	0
P0700	选择命令源：0 出厂的缺省设置；1 BOP（键盘）设置；2 由端子排输入；4 通过 BOP 链路的 USS 设置；5 通过 COM 链路的 USS 设置；6 通过 COM 链路的通讯板（CB）设置	1
P1000	频率设定值的选择：0 无主设定值；1 MOP 设定值；2 模拟设定值；3 固定频率；4 通过 BOP 链路的 USS 设定；5 通过 COM 链路的 USS 设定；6 通过 COM 链路的 CB 设定。（10-66，详见技术手册）	1
P0970	出厂复位：0 禁止复位；1 参数复位。	1

（2）按下绿色按钮I，起动电动机。

（3）按下“数值增加”按钮，电动机转动，其速度逐渐增加到 50Hz。

（4）当变频器的输出频率达到 50Hz 时，按下“数值降低”按钮，电动机的速度及其显示值逐渐下降。

（5）用按钮，可以改变电动机的转动方向。

（6）按下红色按钮，电动机停车。

学生活动：变频器试运行操作

请按照上述步骤更改变频器相关参数的数值，并控制电动机的运行。

【任务评价】

请对照评分标准，根据参与教学的状况与任务完成的质量进行评价，并记录扣分及得分情况。

考核项目		考核要求	配分	评分标准	扣分	得分	备注
态度 （20 分）	出勤	不迟到早退，不无故缺勤	10	缺勤 1 学时，扣 0.5 分 迟到早退 1 次，扣 0.5 分 请假 2 学时，扣 0.5 分			
	文明	无违纪现象	5	严重违纪，项目 0 分处理 安全事故，项目 0 分处理 其他情况酌情扣 1～5 分			
	主动性	主动学习，帮助他人	5	不主动，扣 5 分 一般，扣 2 分 尚好，扣 1 分 好，扣 0 分			
技能 （70 分）	安装	正确安装元器件	10	安装不规范，每处扣 2 分			
	配线	动力回路接线 控制回路接线 接线工艺	20	不按图接线，扣 20 分 接错或漏接，每根 2 分 工艺问题，每处扣 1 分			
	参数设定	正确设定变频器参数	20	不会，扣 20 分 不熟练，扣 10 分 不能独立完成，扣 5 分			
	调试	变频器试运行操作	20	不会，扣 20 分 不熟练，扣 10 分 不能独立完成，扣 5 分			
表达与研究能力 （10 分）	口头或书面表达	能讲清变频器参数的功能、调试步骤 符合行业规范	7	每错 1 处，扣 0.5 分			
	研究能力	有一定自学能力，能进行自主分析与设计	3				
总分	总结： 1．我在这些方面做得很好 2．我在这些方面还需要提高						

学生活动：复位变频器

使用西门子 MicroMaster 420 变频器基本操作面板（BOP）复位变频器的参数。

【知识拓展】

西门子 MicroMaster 通用型变频器简介

西门子 MicroMaster 通用型变频器可满足 0.12kW 至 250kW 功率范围的驱动应用要求：从采用电压－频率控制（V/f 控制）的简单应用，直至采用闭环矢量控制和编码器反馈的复杂应用。其外形如图 1-11 所示。

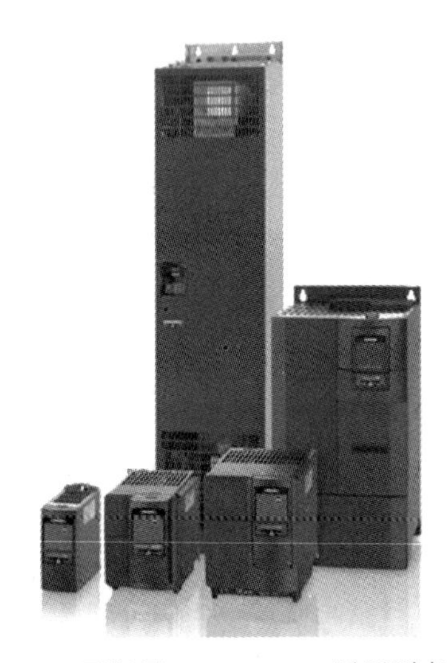

图 1-11　西门子 MicroMaster 通用型变频器

MicroMaster 420 主要应用领域为“通用型”，供电电源电压为三相交流（或单相交流），具有现场总线接口的选件，可以用于传送带、材料运输机、泵类、风机和机床的驱动，功率范围 0.12kW～11kW。

MicroMaster 430“水泵和风机专用型”，具有优化的操作面板 BOP-2（可以实现手动/自动切换），和用于特定控制功能的软件，以及优化的运行效率（节能运行）。功率范围 7.5kW～250kW。

MicroMaster 440“适用于一切传动装置”，具有高级的矢量控制功能（带有或不带编码器反馈），可用于多种部门的各种用途，例如传送带系统、纺织机械、电梯、卷扬机以及建筑机械等。功率范围 0.12kW～200kW。

【思考与练习题】

1．西门子 MicroMaster 通用型变频器有哪几个系列？

2．西门子 MicroMaster 通用型变频器的操作面板有哪几个型号？

3．MM420 变频器的输入信号有几种？

4．MM420 变频器的命令给定方式有哪几种？

5．MM420变频器的频率给定方式有哪几种？

6．变频器的基本构成包括（　　）。

A．变流部分　　B．逆变部分　　C．控制回路　　D．制动回路

7．变频器的主回路包括（　　）。

A．驱动部分　　B．保护电路　　C．逆变部分　　D．运算回路

8．变频器连接同步电动机或连接几台电动机时，变频器必须在（　　）特性下工作。

A．恒磁通调速　　B．调压调速　　C．恒功率调速　　D．变阻调速

9．按变频方法分变频器有（　　）。

A．低压变频器　　B．高压变频器　　C．直-直变频器　　D．交-交变频器

10．按用途分变频器有（　　）。

A．低压变频器　　B．高压变频器　　C．直-直变频器　　D．泵类用变频器

11．变频器应（　　）安装。

A．水平　　B．垂直　　C．密封　　D．倾斜

12．变频器与电动机之间一般（　　）接入接触器。

A．允许　　B．不允许　　C．需要　　D．不需要

13．通用变频器的性能要求过载电流（　　）（1min）。

A．50%以上　　B．120%以上　　C．150%以上　　D．200%以上

14．变频器过流保护值一般为（　　）%左右。

A．110　　B．120　　C．150　　D．200

15．通用变频器的性能要求启动转矩（　　）。

A．50%以上　　B．100%以上　　C．150%以上　　D．200%以上

16．泵类变频器的性能要求启动转矩（　　）。

A．50%以上　　B．100%以上　　C．150%以上　　D．200%以上

17．变频器轻载低频运行，启动时过电流报警。此故障的原因可能是（　　）。

A．U/f比设置过高　　B．电动机故障

C．电动机参数设置不当　　D．电动机容量小

18．变频器在故障跳闸后，要使其恢复正常状态应先按（　　）键。

A．MOD　　B．PRG　　C．RESET　　D．RUN

19．变频器定期检查项目有（　　）等。

A．技术数据是否满足要求

B．周围环境是否符合要求

C．有无过热的迹象

D．电压是否正常

20．用户根据使用情况，每（　　）个月对变频器进行一次定期检查。

A．1～3　　B．3～6　　C．6～9　　D．12

21．变频器安装场所周围振动加速度应小于（　　）m/s^2。

A．1　　B．6.8　　C．9.8　　D．10

22．变频器的冷却风扇使用（　　）年应更换。

A．1　　B．3　　C．5　　D．10

任务 2　电机正反转变频调速控制

【学习目标】

一、基本目标

1. 能看懂变频器控制电动机电路图，并进行正确连接。
2. 能进行命令源的选择与参数设置。
3. 能进行频率源的选择与参数设置。
4. 了解变频器工作的基本条件。
5. 了解命令源与频率源的含义与种类。
6. 了解变频器的数字量输入与输出端的功能。
7. 掌握电动机正转的变频调速控制。

二、提高目标

1. 熟练掌握变频器参数的设置。
2. 掌握电机正反转的变频调速控制。

【任务描述及准备】

一、任务描述

转动旋钮 S1 为 ON，电机正转连续运行，加速到 50Hz 速度运行；转动旋钮 S1 为 OFF，电机减速停止运行。转动旋钮 S2 为 ON，电机反转连续运行，加速到 50Hz 速度运行；转动旋钮 S2 为 OFF，电机减速停止运行。

二、所需工具设备

1. 西门子 MicroMaster 420 变频器（例如：6SE6420-2UD17-5AA1），1 台。
2. 西门子基本操作面板 BOP，1 只。
3. 三相异步电动机，1 台。
4. 小型断路器 DZ47-D4，1 只。
5. 按钮，2 只。
6. 常用电工工具，1 套。
7. 软导线 RV1.0mm^2，1 根。

三、完成任务的步骤

1. 变频器的外围接线。
2. 变频器的参数设置。
3. 电机正反转变频调速控制的调试。

【任务实施】

一、变频器的外围接线

三相电源、变频器、三相异步电动机的连接，如图 1-12 所示。

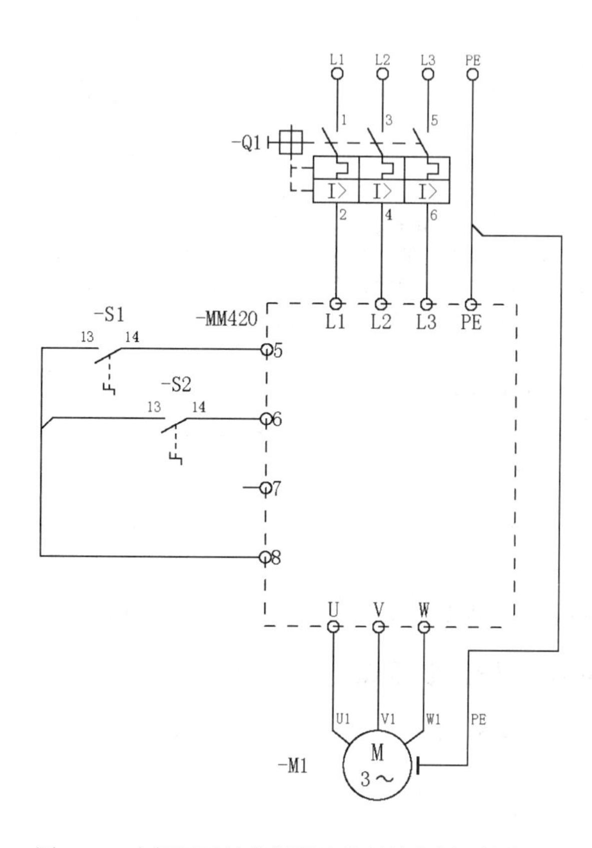

图 1-12　电机正反转变频调速控制的变频器接线图

学生活动：变频器接线

电机正反转变频调速控制动力回路、输入端子的接线。

二、变频器的参数设置

电机正反转的变频调速控制的参数设定，如表 1-6 所示。

表 1-6　电机正反转变频调速控制的参数设定

参数代码	功能	设定数据
P1000	频率设定值的选择：0 无主设定值；1 MOP 设定值；2 模拟设定值；3 固定频率；4 通过 BOP 链路的 USS 设定；5 通过 COM 链路的 USS 设定；6 通过 COM 链路的 CB 设定（10～66，详见技术手册）	1
P1040	MOP 的设定值，确定电动电位计控制（P1000 = 1）时的设定值。最小值：-650.00，缺省值：5.00，最大值：650.00，单位：Hz	50

续表

参数代码	功能	设定数据
P1120	斜坡上升时间，最小值：0.00，缺省值：10.00，最大值：650.00，单位：s	10
P1121	斜坡下降时间，最小值：0.00，缺省值：10.00，最大值：650.00，单位：s	10
P0700	选择命令源：0 出厂的缺省设置；1 BOP（键盘）设置；2 由端子排输入；4 通过 BOP 链路的 USS 设置；5 通过 COM 链路的 USS 设置；6 通过 COM 链路的通讯板（CB）设置	2
P0701	数字输入 1 的功能：0 禁止数字输入；1 ON/OFF1（接通正转/停车命令 1）；2 ON reverse /OFF1（接通反转/停车命令 1）；3 OFF2（停车命令 2）——按惯性自由停车；4 OFF3（停车命令 3）——按斜坡函数曲线快速降速停车；9 故障确认；10 正向点动；11 反向点动；12 反转；13 MOP（电动电位计）升速（增加频率）；14 MOP 降速（减少频率）；15 固定频率设定值（直接选择）；16 固定频率设定值（直接选择 + ON 命令）；17 固定频率设定值（二进制编码的十进制数（BCD 码）选择 +ON 命令）；21 机旁/远程控制；25 直流注入制动；29 由外部信号触发跳闸；33 禁止附加频率设定值；99 使能 BICO 参数化	1
P0702	数字输入 2 的功能（与 P0701 相同）	12
P1300	变频器的控制方式：0 线性特性的 V/f 控制；1 带磁通电流控制（FCC）的 V/f 控制；2 带抛物线特性（平方特性）的 V/f 控制；3 特性曲线可编程的 V/f 控制	0

学生活动：变频器参数设定

电机正反转变频调速控制的变频器参数设定。

三、电机正反转变频调速控制的调试

检查接线，接通电源，将断路器合闸，设定好变频器的相关参数。

1. 转动旋钮 S1 为 ON，电机正转连续运行，加速到 50Hz 速度运行。
2. 转动旋钮 S1 为 OFF，电机减速停止运行。
3. 转动旋钮 S2 为 ON，电机反转连续运行，加速到 50Hz 速度运行。
4. 转动旋钮 S2 为 OFF，电机减速停止运行。

学生活动：电机正反转变频调速控制的调试

1. 变频器的参数设定。
2. 调试，观察电机运行情况。

【任务评价】

请对照评分标准，根据参与教学的状况与任务完成的质量进行评价，并记录扣分及得分情况。

考核项目		考核要求	配分	评分标准	扣分	得分	备注
态度（20 分）	出勤	不迟到早退，不无故缺勤	10	缺勤 1 学时，扣 0.5 分 迟到早退 1 次，扣 0.5 分 请假 2 学时，扣 0.5 分			

续表

考核项目		考核要求	配分	评分标准	扣分	得分	备注
	文明	无违纪现象	5	严重违纪，项目 0 分处理 安全事故，项目 0 分处理 其他情况酌情扣 1~5 分			
	主动性	主动学习，帮助他人	5	不主动，扣 5 分 一般，扣 2 分 尚好，扣 1 分 好，扣 0 分			
技能 （70 分）	安装	正确安装元器件	10	安装不规范，每处扣 2 分			
	配线	动力回路接线 控制回路接线 接线工艺	20	不按图接线，扣 20 分 接错或漏接，每根 2 分 工艺问题，每处扣 1 分			
	参数设定	正确设定变频器参数	20	不会，扣 20 分 不熟练，扣 10 分 不能独立完成，扣 5 分			
	调试	电机正反转变频调速控制的调试	20	不会，扣 20 分 不熟练，扣 10 分 不能独立完成，扣 5 分			
表达与研究能力 （10 分）	口头或书面表达	能讲清变频器参数的功能、调试步骤 符合行业规范	7	每错 1 处，扣 0.5 分			
	研究能力	有一定自学能力，能进行自主分析与设计	3				
总分	总结： 1．我在这些方面做得很好 2．我在这些方面还需要提高						

【思考与练习题】

1．MOP 的设定值的范围是多少 Hz？

2．电机正反转控制，如果设计成正转点动、反转点动运行，变频器的参数如何设置？

3．变频器的认识和维护：①能识别交流变频器的操作面板、电源输入端、电源输出端及控制端。②能按照交流变频器使用手册对照出错代码，确认故障类型。③交流变频器的组成和应用基础知识。

4．与通用型异步电动机相比，变频调速专用电动机的特点是（　　）。

A．外加变频电源，风扇实行强制通风散热；加大电磁负荷的裕量；加强绝缘

B．U/f 控制时，磁路容易饱和；加强绝缘；外加变频电源，风扇实行强制通风

C．外加变频电源，风扇实行强制通风；加大电磁负荷的裕量；加强绝缘

D．外加工频电源，风扇实行强制通风；加大电磁负荷的裕量；加强绝缘

5．MM420 变频器执行下列设置：P0010 = 1，P0970 = 1，其设置的功能是（　　）。

A．恢复出厂值　　B．参数清零
C．恢复以前设置　　D．参数设置重新开始

6．MM440 变频器要使操作面板有效，应设参数（　　）。
A．P0010=1　　B．P0010=0　　C．P0700=1　　D．P0700=2

7．频率给定中，数字量给定方式包括面板给定和（　　）给定。
A．模拟量　　B．通信接口
C．电位器　　D．直接电压（或电流）

8．下列哪种制动方式不适用于变频调速系统（　　）。
A．直流制动　　B．回馈制动　　C．反接制动　　D．能耗制动

9．由于变频器调速多用于（　　）电动机的调速，所以这种调速装置得到越来越广泛的应用。
A．直流　　B．步进　　C．鼠笼式异步　　D．绕线式异步

10．目前，在中小型变频器中普遍采用的电力电子器件是（　　）。
A．SCR　　B．GTO　　C．MOSFET　　D．IGBT

11．型号为 2UC13-7AA1 的 MM440 变频器适配的电机容量为（　　）kW。
A．0.1　　B．1　　C．10　　D．100

12．VVVF 型变频器具有（　　）功能
A．调频　　B．调压　　C．调频调相　　D．调频调压

13．无论采用的交－直－交变频器是电压型还是电流型，控制部分在结构上均由（　　）三部分组成。
A．电压控制、频率控制以及两者协调控制
B．电压控制、电流控制以及两者协调控制
C．电压控制、频率控制以及电流控制
D．电流控制、频率控制以及两者协调控制

14．变频器的输出不允许接（　　）。
A．纯电阻　　B．电感　　C．电容器　　D．电动机

15．负载不变情况下，变频器出现过电流故障，原因可能是：（　　）。
A．负载过重　　B．电源电压不稳
C．转矩提升功能设置不当　　D．斜波时间设置过长

任务 3　用 PLC 实现多段速控制

【学习目标】

一、基本目标

1．学会定义多功能输入端的段速功能。
2．能进行多段速度指令的定义。
3．学会多段速控制中 PLC 与变频器之间的开关量传递及正确连接。

4．了解多功能输入端的功能。
5．了解控制系统常用的抗干扰措施。

二、提高目标

1．掌握西门子 S7-200 梯形图程序设计。
2．了解西门子精彩系列触摸屏的应用。

【任务描述及准备】

一、任务描述

使用外部接线端子、PLC 控制器实现多段速控制。电机运行频率如图 1-13 所示。①转动旋钮 S3、S2、S1 为 OFF，即 000 状态，电机停止运行。②转动旋钮 S1 为 ON，即 001 状态，电机运行频率为 15Hz。③转动旋钮 S2 为 ON，即 010 状态，电机运行频率为 30Hz。④转动旋钮 S2、S1 为 ON，即 011 状态，电机运行频率为 50Hz。⑤转动旋钮 S3 为 ON，即 100 状态，电机运行频率为 20Hz。⑥转动旋钮 S3、S1 为 ON，即 101 状态，电机运行频率为-25Hz。⑦转动旋钮 S3、S2 为 ON，即 110 状态，电机运行频率为-45Hz。⑧转动旋钮 S3、S2、S1 为 ON，即 111 状态，电机运行频率为-10Hz。

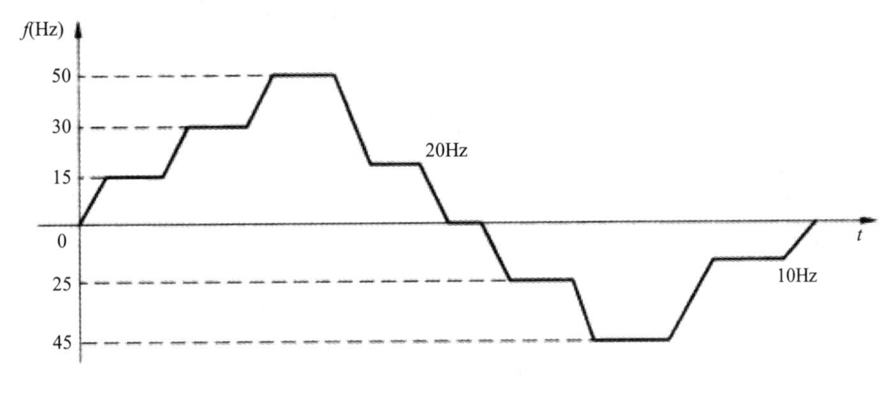

图 1-13　变频器多段速控制的运行频率

二、所需工具设备

1．西门子 S7-200PLC（例如：CPU226 CN AC/DC/RLY）
2．西门子 MicroMaster 420 变频器（例如：6SE6420-2UD17-5AA1）
3．西门子基本操作面板 BOP
4．三相异步电动机
5．小型断路器 DZ47-D4（1 只）
6．按钮 3 只
7．常用电工工具
8．软导线

三、完成任务的步骤

1．PLC 与变频器的外围接线。
2．变频器的参数设置。
3．PLC 程序设计。
4．用 PLC 实现多段速控制的调试。

【任务实施】

一、PLC 和变频器的外围接线

用 PLC 实现多段速控制的接线图，如图 1-14 所示。使用西门子 S7-200 系列 PLC（例如：CPU224 AC/DC/RLY），旋钮 S1、S2、S3 分别连接到 PLC 输入点 I0.1、I0.2、I0.3，PLC 输出点 Q0.1、Q0.2、Q0.3 分别连接到变频器 DIN1（端子 5）、DIN2（端子 6）、DIN3（端子 7）。

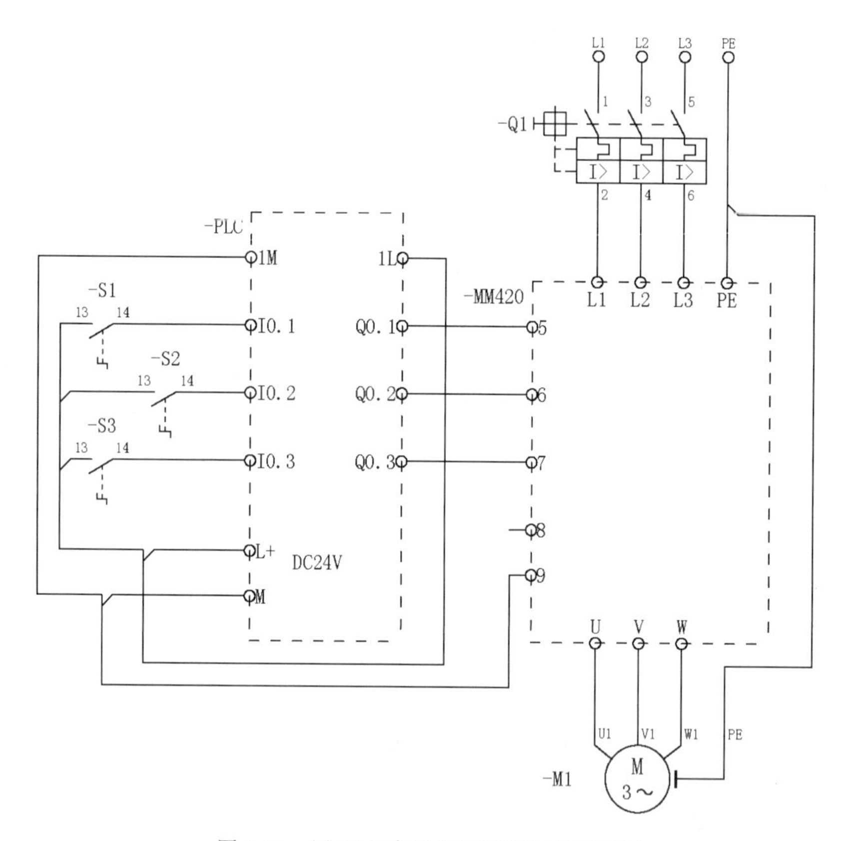

图 1-14 用 PLC 实现多段速控制的接线图

学生活动：变频器接线

变频器多段速控制动力回路、输入端子的接线。

二、变频器的参数设置

PLC 实现多段速控制的参数设定，如表 1-7 所示。

表 1-7　电机多段速控制的参数设定

<table>
<tr><th>参数代码</th><th>功能</th><th>设定数据</th></tr>
<tr><td>P1000</td><td>频率设定值的选择：0 无主设定值；1 MOP 设定值；2 模拟设定值；3 固定频率；4 通过 BOP 链路的 USS 设定；5 通过 COM 链路的 USS 设定；6 通过 COM 链路的 CB 设定（10～66，详见技术手册）</td><td>3</td></tr>
<tr><td>P1040</td><td>MOP 的设定值，确定电动电位计控制（P1000 = 1）时的设定值。最小值：-650.00，缺省值：5.00，最大值：650.00，单位：Hz</td><td>0</td></tr>
<tr><td>P1120</td><td>斜坡上升时间，最小值：0.00，缺省值：10.00，最大值：650.00，单位：s</td><td>10</td></tr>
<tr><td>P1121</td><td>斜坡下降时间，最小值：0.00，缺省值：10.00，最大值：650.00，单位：s</td><td>10</td></tr>
<tr><td>P0700</td><td>选择命令源：0 出厂的缺省设置；1 BOP（键盘）设置；2 由端子排输入；4 通过 BOP 链路的 USS 设置；5 通过 COM 链路的 USS 设置；6 通过 COM 链路的通讯板（CB）设置。</td><td>2</td></tr>
<tr><td>P0701</td><td>数字输入 1 的功能：0 禁止数字输入；1 ON/OFF1（接通正转/停车命令 1）；2 ON reverse /OFF1（接通反转/停车命令 1）；3 OFF2（停车命令 2）——按惯性自由停车；4 OFF3（停车命令 3）——按斜坡函数曲线快速降速停车；9 故障确认；10 正向点动；11 反向点动；12 反转；13 MOP（电动电位计）升速（增加频率）；14 MOP 降速（减少频率）；15 固定频率设定值（直接选择）；16 固定频率设定值（直接选择 +ON 命令）；17 固定频率设定值（二进制编码的十进制数（BCD 码）选择 +ON 命令）；21 机旁/远程控制；25 直流注入制动；29 由外部信号触发跳闸；33 禁止附加频率设定值；99 使能 BICO 参数化</td><td>17</td></tr>
<tr><td>P0702</td><td>数字输入 2 的功能（与 P0701 相同）</td><td>17</td></tr>
<tr><td>P0703</td><td>数字输入 3 的功能（与 P0701 相同）</td><td>17</td></tr>
<tr><td>P1001</td><td>固定频率 1：最小值：-650.00，缺省值：5.00，最大值：650.00，单位：Hz，为了使用固定频率功能，需要用 P1000 选择固定频率的操作方式。
1. 直接选择；2. 直接选择 +ON 命令；3. 二进制编码选择 +ON 命令：（1）直接选择（P0701～P0703 = 15）；（2）直接选择 + ON 命令（P0701～P0703 = 16）；（3）二进制编码的十进制数（BCD 码）选择 +ON 命令（P0701～P0703 = 17），使用这种方法最多可以选择 7 个固定频率
<table>
<tr><td></td><td></td><td>DIN3</td><td>DIN2</td><td>DIN1</td></tr>
<tr><td></td><td>OFF</td><td>不激活</td><td>不激活</td><td>不激活</td></tr>
<tr><td>P1001</td><td>FF1</td><td>不激活</td><td>不激活</td><td>激活</td></tr>
<tr><td>P1002</td><td>FF2</td><td>不激活</td><td>激活</td><td>不激活</td></tr>
<tr><td>P1003</td><td>FF3</td><td>不激活</td><td>激活</td><td>激活</td></tr>
<tr><td>P1004</td><td>FF4</td><td>激活</td><td>不激活</td><td>不激活</td></tr>
<tr><td>P1005</td><td>FF5</td><td>激活</td><td>不激活</td><td>激活</td></tr>
<tr><td>P1006</td><td>FF6</td><td>激活</td><td>激活</td><td>不激活</td></tr>
<tr><td>P1007</td><td>FF7</td><td>激活</td><td>激活</td><td>激活</td></tr>
</table></td><td>15</td></tr>
<tr><td>P1002</td><td>固定频率 2，请参看参数 P1001（固定频率 1）</td><td>30</td></tr>
</table>

续表

参数代码	功能	设定数据
P1003	固定频率 3，请参看参数 P1001（固定频率 1）	50
P1004	固定频率 4，请参看参数 P1001（固定频率 1）	20
P1005	固定频率 5，请参看参数 P1001（固定频率 1）	-25
P1006	固定频率 6，请参看参数 P1001（固定频率 1）	-45
P1007	固定频率 7，请参看参数 P1001（固定频率 1）	-10
P1300	变频器的控制方式：0 线性特性的 V/f 控制；1 带磁通电流控制（FCC）的 V/f 控制；2 带抛物线特性（平方特性）的 V/f 控制；3 特性曲线可编程的 V/f 控制	0

学生活动：变频器参数设定

变频器多段速控制的变频器参数设定。

三、PLC 程序设计

PLC 程序比较简单，输入输出是一一对应的关系。PLC 梯形图程序，如图 1-15 所示。

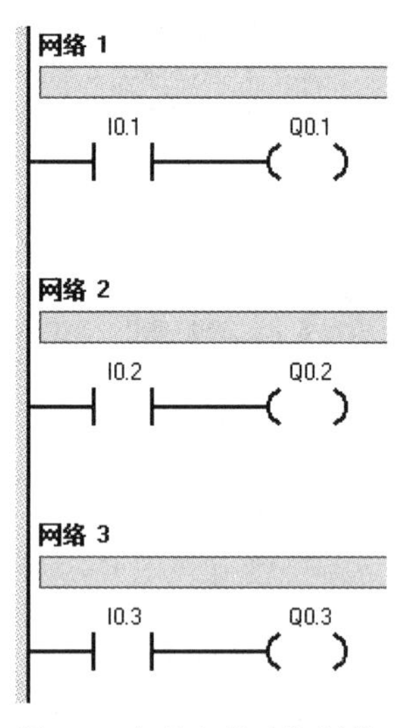

图 1-15 用 PLC 实现多段速控制的 PLC 程序

学生活动：PLC 程序的设计。

四、用 PLC 实现多段速控制的调试

检查接线，接通电源，将断路器合闸，设定好变频器的相关参数。

（一）打开 PLC 编程软件，输入设计好的 PLC 梯形图程序，将 PLC 与计算机建立通信，下载 PLC 程序，PLC 运行。

（二）切换旋钮的状态，观察电机运行情况。

1. 转动旋钮 S3、S2、S1 为 OFF，即 000 状态，电机停止运行。
2. 转动旋钮 S1 为 ON，即 001 状态，电机运行频率为 15Hz。
3. 转动旋钮 S2 为 ON，即 010 状态，电机运行频率为 30Hz。

4. 转动旋钮 S2、S1 为 ON，即 011 状态，电机运行频率为 50Hz。
5. 转动旋钮 S3 为 ON，即 100 状态，电机运行频率为 20Hz。
6. 转动旋钮 S3、S1 为 ON，即 101 状态，电机运行频率为-25Hz。
7. 转动旋钮 S3、S2 为 ON，即 110 状态，电机运行频率为-45Hz。
8. 转动旋钮 S3、S2、S1 为 ON，即 111 状态，电机运行频率为-10Hz。

学生活动：用 PLC 实现多段速控制的调试

1. PLC 程序的输入、下载、运行。
2. 切换旋钮的状态，观察电机运行情况。

【任务评价】

请对照评分标准，根据参与教学的状况与任务的完成质量进行评价，并记录扣分及得分情况。

考核项目		考核要求	配分	评分标准	扣分	得分	备注
态度 （20 分）	出勤	不迟到早退，不无故缺勤	10	缺勤 1 学时，扣 0.5 分 迟到早退 1 次，扣 0.5 分 请假 2 学时，扣 0.5 分			
	文明	无违纪现象	5	严重违纪，项目 0 分处理 安全事故，项目 0 分处理 其他情况酌情扣 1~5 分			
	主动性	主动学习，帮助他人	5	不主动，扣 5 分 一般，扣 2 分 尚好，扣 1 分 好，扣 0 分			
技能 （70 分）	安装	正确安装元器件	10	安装不规范，每处扣 2 分			
	配线	动力回路接线 控制回路接线 接线工艺	20	不按图接线，扣 20 分 接错或漏接，每根 2 分 工艺问题，每处扣 1 分			
	参数设定	正确设定变频器参数	20	不会，扣 20 分 不熟练，扣 10 分 不能独立完成，扣 5 分			
	调试	PLC 程序输入、调试 变频器多段速控制的调试	20	不会，扣 20 分 不熟练，扣 10 分 不能独立完成，扣 5 分			
表达与研究能力 （10 分）	口头或书面表达	能讲清变频器参数的功能、调试步骤 符合行业规范	7	每错 1 处，扣 0.5 分			
	研究能力	有一定自学能力，能进行自主分析与设计	3				
总分	总结： 1. 我在这些方面做得很好 2. 我在这些方面还需要提高						

【巩固练习】

一、变频器多段速控制

西门子 MM420 变频器的多段速运行共有 8 种运行速度（包括 0Hz 停止速度），通过变频器参数设置和外部端子接线来控制变频器的输出频率，达到电机多段速运行控制。特别是与可编程控制器联合起来控制更方便，在需要经常改变速度的生产工艺和机械设备中得到了广泛应用。在运行操作中运行频率按图 1-13 所给参数设定运行。

外部接线端子与运行频率的关系，如表 1-8 所示，其中：DIN1 端子 5，DIN2 端子 6，DIN3 端子 7。

表 1-8 各个固定频率的数值

序号	运行频率	DIN3 端子 7	DIN2 端子 6	DIN1 端子 5
—	OFF	0	0	0
P1001	FF1	0	0	1
P1002	FF2	0	1	0
P1003	FF3	0	1	1
P1004	FF4	1	0	0
P1005	FF5	1	0	1
P1006	FF6	1	1	0
P1007	FF7	1	1	1

二、用 PLC 实现多段速控制（手动程序）

加 1 按钮连接 PLC 输入点 I1.0，减 1 按钮连接 PLC 输入点 I1.1。通过对 MB0 数据区加 1、减 1 进行多段速的控制。PLC 梯形图手动程序，如图 1-16 所示。

检查接线，接通电源，将断路器合闸。

（一）打开 PLC 编程软件，输入设计好的 PLC 梯形图程序，将 PLC 与计算机建立通信，下载 PLC 程序，PLC 运行。

（二）按下加 1 或减 1 按钮，观察电机运行频率。

1. 按下加 1 按钮 S1，电机运行频率将“加 1 段”运行。
2. 按下减 1 按钮 S2，电机运行频率将“减 1 段”运行。

学生活动：多段速控制（手动程序）的 PLC 程序调试。

三、用 PLC 实现多段速控制（自动程序）

变频器 DIN1（端子 5）连接 PLC Q0.5，DIN2（端子 6）连接 PLC Q0.6，DIN3（端子 7）连接 PLC Q0.7。起动按钮连接 PLC I1.0。每 10 秒自动加 1，分段执行各段速度的控制。PLC 梯形图自动程序，如图 1-17 所示。

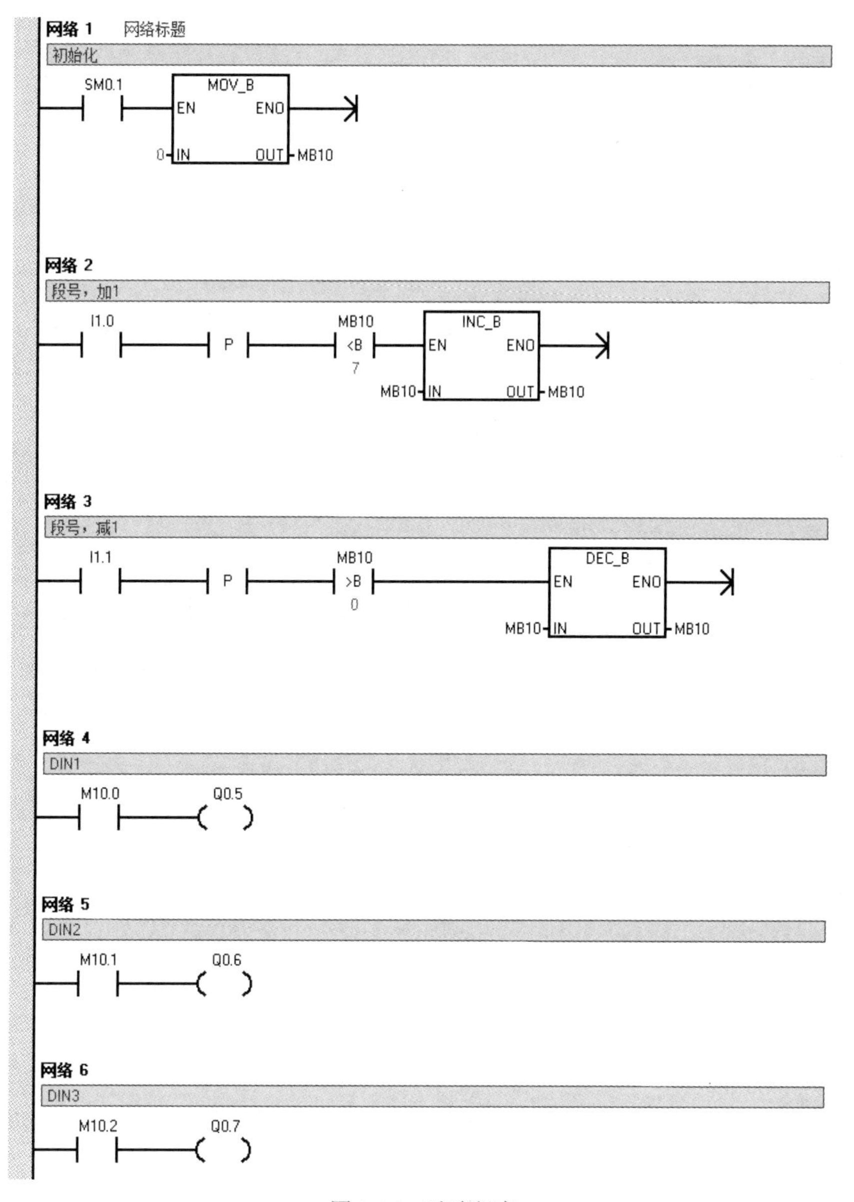

图 1-16　手动程序

检查接线，接通电源，将断路器合闸。

（一）打开 PLC 编程软件，输入设计好的 PLC 梯形图程序，将 PLC 与计算机建立通信，下载 PLC 程序，PLC 运行。

（二）转动旋钮 S1 为 ON，电机运行频率每 10 秒自动“加 1 段”。转动旋钮 S1 为 OFF，电机停止运行。

学生活动：多段速控制（自动程序）的 PLC 程序调试。

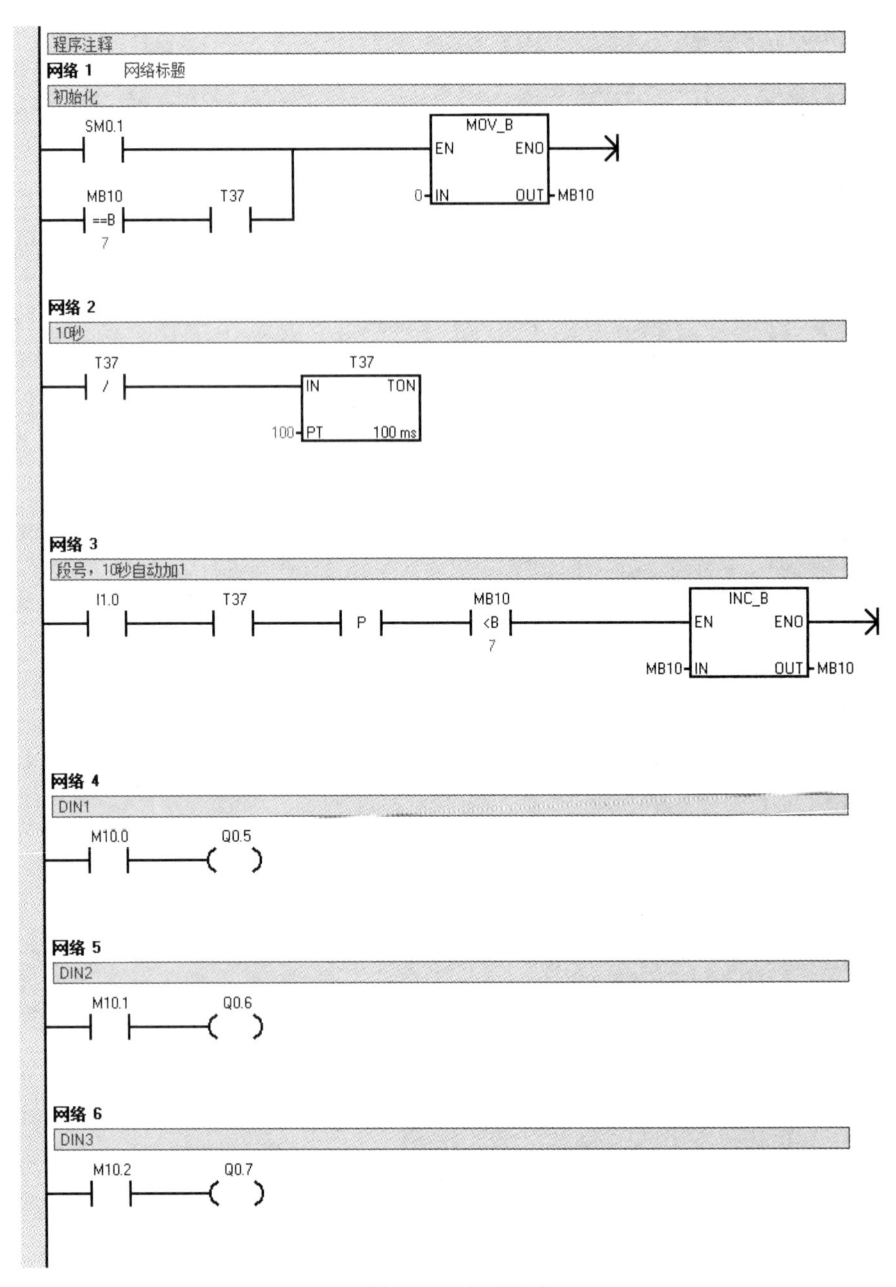

图 1-17 自动程序

【思考与练习题】

1．西门子 MicroMaster 420 变频器共有几种运行速度？

2．西门子 MicroMaster 440 变频器共有几种运行速度？

3．（ ）变频器的主电路，包括整流器、中间直流环节、逆变器、斩波器。

4．（ ）变频调速的基本控制方式是在额定频率以下的恒磁通变频调速而额定频率以上的弱磁调速。

5.（ ）变频调速时，若保持电动机定子供电电压不变，仅改变其频率进行变频调速，将引起磁通的变化，出现励磁不足或励磁过强的现象。

6.（ ）交－交变频是把工频交流电整流为直流电，然后再由直流电逆变为所需频率的交流电。

7.（ ）异步电动机的变频调速装置，其功能是将电网的恒压恒频交流电变换成变压变频的交流电，对交流电动机供电，实现交流无级调速。

8.（ ）在变频调速时，为了得到恒转矩的调速特性，应尽可能地使电动机的磁通保 持额定值不变。

9.（ ）变频器的PID功能中，I指积分。

10.（ ）变频器的PID功能中，D指微分。

11.（ ）变频调速性能优异、调速范围大、平滑性好、低速特性较硬，是笼型转子异步电动机的一种理想调速方法。

12.（ ）异步电机与同步电机变频的实质是改变旋转磁场的转速。

13.（ ）泵类变频器的性能要求过载电流（1min）。

14.（ ）采用转速闭环矢量变换控制的变频调速系统，基本上能达到直流双闭环系统的动态性能，因而可以取代直流调速系统。

15.（ ）变频器的输出不允许接电感。

16.（ ）变频器与电动机之间一般需要接入接触器。

17.（ ）变频器故障跳闸后，欲使其恢复正常状态，应按RESET键。

18.（ ）对变频器进行功能预置时必须在运行模式下进行。

项目二　基于变频器+编码器的交流电机调速系统

在现代化生产线上，需要对位置进行精确控制，例如材料分拣装置，需要在相应位置检测工件的材质，可使用编码器进行准确定位；同时还需要对分拣装置进行速度控制，通过变频器可控制交流电机的速度，达到速度可控的效果。本项目完成基于交流电机的分拣装置设计，其控制要求如下：按下启动按键，并且检测到传送带上有工件，变频器带动交流电机工作，从而使传送带带动工件前行。若检测到此工件为金属材质，则分拣到 A 站；若为非金属材质，则分拣到 B 站。按下停止按键，整个循环停止。

任务 1　西门子 MM420 变频器模拟量控制

【学习目标】

一、基本目标

1. 了解模拟量和数字量的区别。
2. 学会通过面板进行模拟量控制的参数设置与修改。
3. 能正确识别变频器的输入、输出端及模拟量控制信号端。

二、提高目标

1. 能对照手册确认变频器的故障类型，能对照手册进行参数查找与修改。
2. 能根据需求，熟练进行变频器输入端的模拟量控制。

【任务描述及准备】

一、任务描述

通过外部按钮启动变频器工作，带动电机以不同的频率运行。最高频率为 50Hz，最低频率为 5Hz。电机频率受 PLC 输出的模拟量控制，开始运行时电机频率为 10Hz。按下加按钮，频率升高 5Hz；按下减按钮，频率降低 5Hz。按下停止按键，电机停止工作。

二、所需工具设备

1. 西门子 MicroMaster 420 变频器（例如：6SE6420-2UD17-5AA1），1 台。
2. 西门子基本操作面板 BOP，1 只。
3. 三相异步电动机，1 台。
4. CPU224XP（DC/DC/DC）的西门子 PLC，1 台。
5. 小型断路器 DZ47-D4，1 只。

6．明纬开关电源 SDR-75-24，1 个。
7．按钮，4 个。
8．常用电工工具，1 套。
9．软导线 RV1.0mm^2，1 根。

三、完成任务的步骤

1．设计主电路图和 PLC 控制回路及 I/O 分配。
2．根据电路图接线。
3．编写模拟量控制程序。
4．设置变频器参数。
5．调试。

【任务实施】

一、电路图设计

根据控制要求，主电路只需要控制一台电机即可。控制回路 PLC 的输入设有启动、停止、加、减按钮；PLC 的输出设有外部端子模拟量控制。PLC 的模拟量输出直接控制变频器的模拟量输入。请根据任务要求，完成电路图。

二、电路接线

根据设计的电路，完成接线。参考电路如图 2-1 所示。

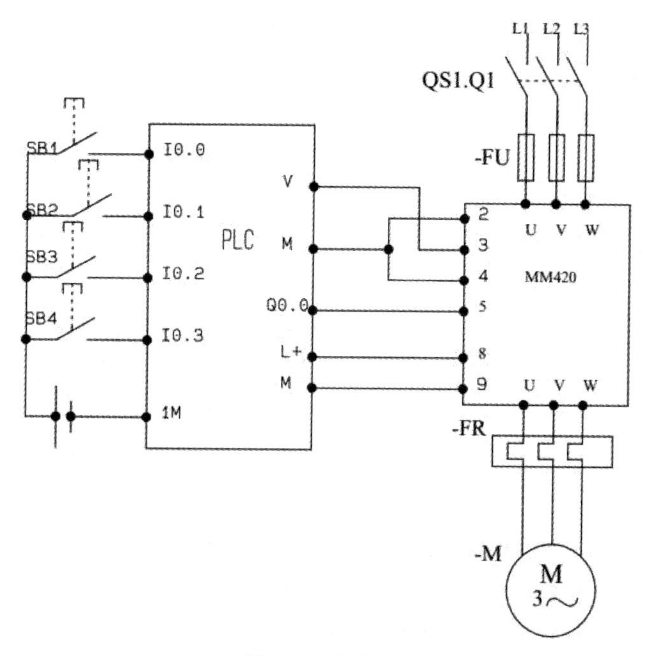

图 2-1　电路图

三、模拟量控制

（一）模拟量直接由模拟电压 0～10V 输入

模拟量输入 0～10V，输入变频器 MM420 的 3 和 4 号端子。改变电压值，查看变频器输出频率，填入表 2-1 中。

表 2-1 变频器输出频率与输入电压关系

电压（V）	输出频率（Hz）（P1080=0，P1082=50）	输出频率（Hz）（P1080=5，P1082=40）
0		
1		
3		
8		
10		

学生活动：接线、设置变频器参数

变频器参数设置：

P0010=30； P0970=1； P0003=3；

P0700=2； P0701=1； P1000=2；

P1120=1； P1121=1； P1080=0； P1080=50；

学生活动：调节输入电压大小，查看结果：

____

____

总结：模拟电压和输出频率之间的关系是：

____

____

（二）模拟量由 PLC 控制

模拟量由 CPU224XP（DC/DC/DC）的 AQW0 输出，输入变频器 MM420 的 3 和 4 号端子，通过改变 PLC 的输出模拟量，查看变频器输出频率，填入表 2-2 中。

表 2-2 变频器输出频率与 PLC 模拟量关系

AQW0	电压（V）	输出频率（Hz）
0		
1000		
3000		
5000		
32000		

学生活动：接线、设置变频器参数

变频器参数设置如上。

学生活动：改变输入 AQW0，查看结果

学生活动：总结：PLC 模拟量和输出频率之间的关系是：

四、程序设计

重点：（1）频率增加 5Hz，如何通过 AQW0 实现。

（2）若频率超过 50Hz，最高以 50Hz 输出，最低以 5Hz 输出。

程序参考图 2-2：

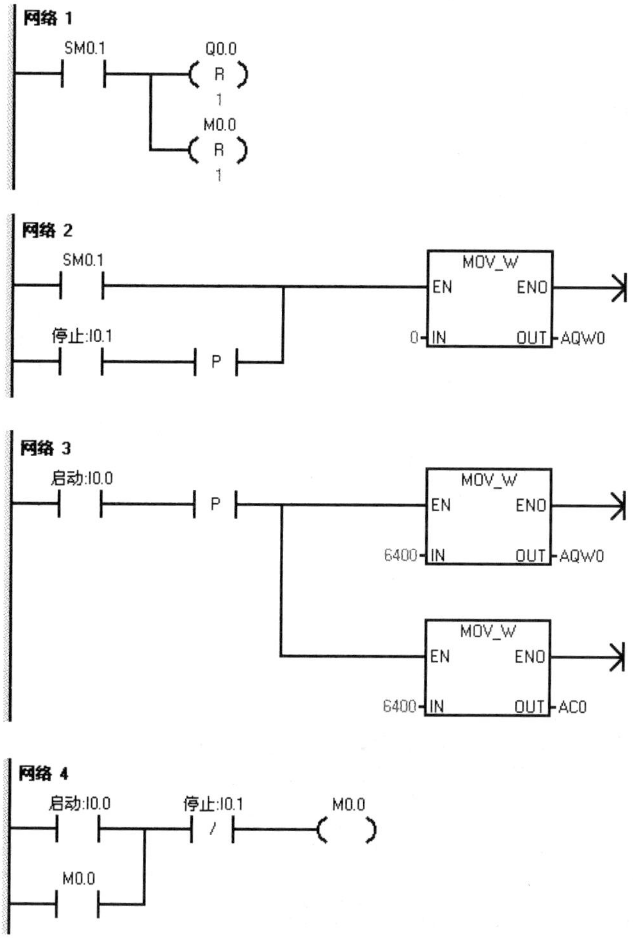

网络 1
SM0.1
Q0.0
R
1
M0.0
R
1

网络 2
SM0.1
停止:I0.1
P
MOV_W
EN ENO
0-IN OUT-AQW0

网络 3
启动:I0.0
P
MOV_W
EN ENO
6400-IN OUT-AQW0
MOV_W
EN ENO
6400-IN OUT-AC0

网络 4
启动:I0.0
停止:I0.1
M0.0
M0.0

图 2-2　程序图

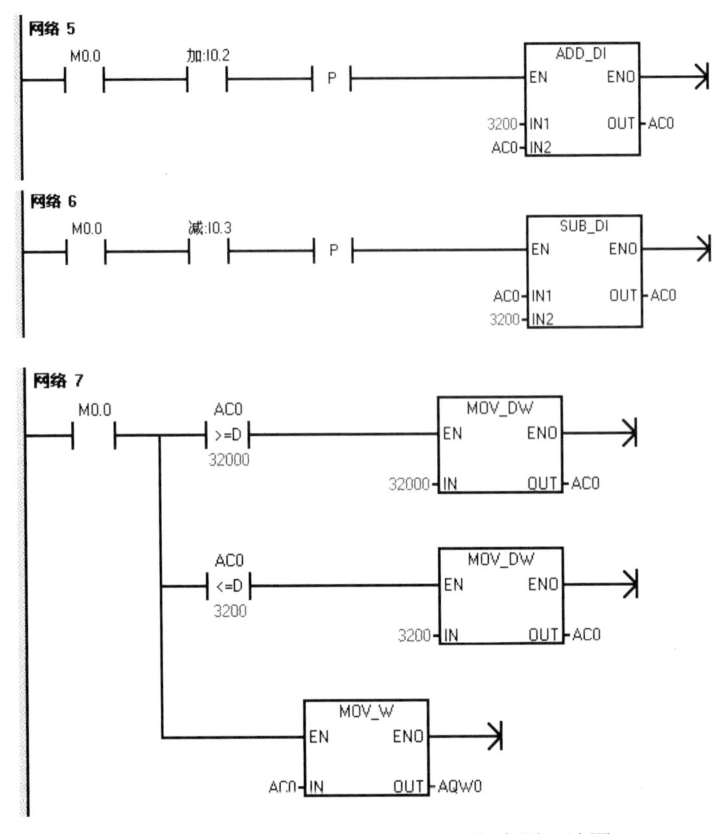

图 2-2　程序图（续图）

【任务评价】

考核项目		考核要求	配分	评分标准	扣分	得分	备注
态度（20 分）	出勤	不迟到早退，不无故缺勤	10	缺勤 1 学时，扣 0.5 分 迟到早退 1 次，扣 0.5 分 请假 2 学时，扣 0.5 分			
	文明	无违纪现象	5	严重违纪，项目 0 分处理 安全事故，项目 0 分处理 其他情况酌情扣 1～5 分			
	主动性	主动学习，帮助他人	5	不主动，扣 5 分 一般，扣 2 分 尚好，扣 1 分 好，扣 0 分			
技能（70 分）	安装	正确安装元器件	10	安装不规范，每处扣 2 分			
	配线	动力回路接线 控制回路接线 接线工艺	10	不按图接线，扣 10 分 接错或漏接，每根 2 分 工艺问题，每处扣 1 分			
	参数设定	正确设定变频器参数	20	不会，扣 20 分 不熟练，扣 10 分 不能独立完成，扣 5 分			

续表

考核项目		考核要求	配分	评分标准	扣分	得分	备注
	调试	变频模拟量调速控制的调试	30	不会，扣 30 分 不熟练，扣 10 分 不能独立完成，扣 5 分			
表达与研究能力 （10 分）	口头或书面表达	能讲清变频器参数的功能、调试步骤 符合行业规范	7	每错 1 处，扣 0.5 分			
	研究能力	有一定自学能力，能进行自主分析与设计	3				
总分	总结： 1. 我在这些方面做得很好 2. 我在这些方面还需要提高						

任务 2　编码器定位控制

【学习目标】

一、基本目标

1．了解编码器的分类和工作原理。
2．了解编码器的接线。
3．了解高速计数器个数和工作模式。
4．熟悉高速计数器指令。

二、提高目标

1．能利用高速计数器完成实践中对“计数”的应用。
2．能灵活使用编码器和高速计数器。

【任务描述及准备】

一、任务描述

电机高速运行时，通过编码器和高速计数器获得当前的旋转速度。根据工艺要求，需在 500 至 1000 个脉冲期间接通 Q0.1，进行设备表面涂色处理，其余时间不接通 Q0.1。

二、所需工具设备

1．ZSP3004-0001E-200B-5-24C 编码器，1 台。
2．三相异步电动机，1 台。
3．CPU224XP（DC/DC/DC）的西门子 PLC，1 台。
4．小型断路器 DZ47-D4，1 只。

5．按钮，2 个。
6．中间继电器，1 个；交流接触器，1 个。
7．明纬开关电源 SDR-75-24，1 个。
8．常用电工工具，1 套。
9．软导线 RV1.0mm^2，1 根。

三、完成任务的步骤

1．设计主电路图和 PLC 控制回路及 I/O 分配，特别是编码器电路接线。
2．根据电路图接线。
3．编写高速计时器子程序及主程序。
4．调试，

【任务实施】

一、电路图设计

根据控制要求，主电路只需要控制一台电机即可。控制回路 PLC 的输入设有启动、停止按钮及编码器 A、B、Z 相输入；PLC 的输出接中间继电器，控制电机的运行。请根据任务要求，完成电路图。

二、电路接线

根据设计的电路，完成接线。PLC 采用的是 HSC0 方式 10，其输入为 I0.0、I0.1、I0.2；PLC 是 DC/DC/DC 形式，其输出采用中间继电器，然后再控制电机的工作；参考电路如图 2-3、图 2-4 所示。

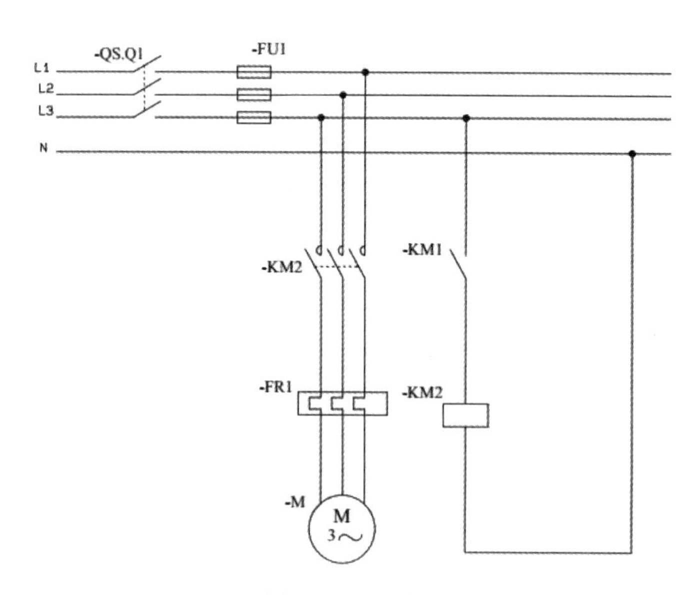

图 2-3　主电路

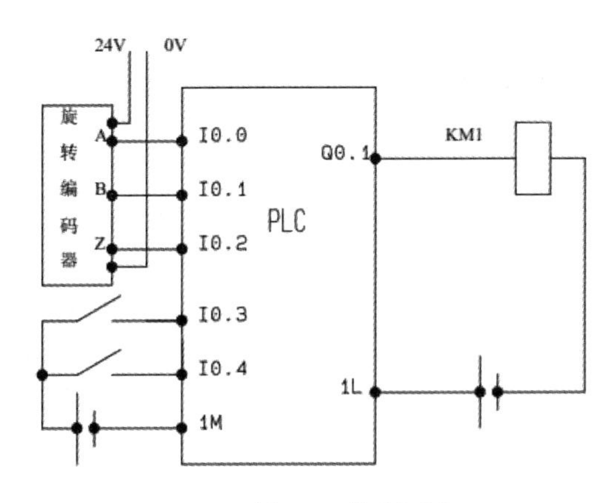

图 2-4　控制回路

三、程序设计

（一）高速计数器

计数自动进行，不受扫描周期的影响，用于捕捉比 CPU 扫描速度更快的事件。当前值等于预置值、计数方向改变或发生外部复位时，均可产生中断。在中断程序中，可实现高速运动的精准控制等预定操作。

S7-224XP DC/DC/DC 的 PLC 集成有 6 个高速计数器，编号为 HSC0～HSC5，每一编号的计数器均分配有固定地址的输入端。同时，高速计数器可以被配置为 12 种模式中的任意一种，如图 2-5 所示。

HSC 模式	说明	输入			
	HSC0	I0.0	I0.1	I0.2	
	HSC1	I0.6	I0.7	I1.0	I1.1
	HSC2	I1.2	I1.3	I1.4	I1.5
	HSC3	I0.1			
	HSC4	I0.3	I0.4	I0.5	
	HSC5	I0.4			
0	具有**内部**方向控制的单相计数器	时钟脉冲			
1		时钟脉冲		复位	
2		时钟脉冲		复位	启动
3	具有**外部**方向控制的单相计数器	时钟脉冲	方向		
4		时钟脉冲	方向	复位	
5		时钟脉冲	方向	复位	启动
6	具有两个时钟输入的双相计数器	增计数脉冲	减计数脉冲		
7		增计数脉冲	减计数脉冲	复位	
8		增计数脉冲	减计数脉冲	复位	启动
9	A / B 相正交计数器	时钟脉冲 A	时钟脉冲 B		
10		时钟脉冲 A	时钟脉冲 B	复位	
11		时钟脉冲 A	时钟脉冲 B	复位	启动
12	仅 HSC0 和 HSC3 支持模式 12。 HSC0 计数 Q0.0 所发脉冲的数目。 HSC3 计数 Q0.1 所发脉冲的数目。				

图 2-5　S7-224XP DC/DC/DC PLC　高速计数器

1．高速计数器特殊功能寄存器介绍

高速计数器控制字、当前值和预置值寄存器、状态字如表 2-3 至表 2-5 所示。

表 2-3 高速计数器控制字

HSC0	HSC1	HSC2	HSC3	HSC4	HSC5	说明
SM37.0	SM47.0	SM57.0		SM147.0		复原现用水平控制位：0=复原现用水平高；1=复原现用水平低
	SM47.1	SM57.1				起始现用水平控制位：0=起始现用水平高；1=起始现用水平低
SM37.2	SM47.2	SM57.2		SM147.2		正交计数器的计数速率选项：0=4x 计数速率；1=1x 计数速率
SM37.3	SM47.3	SM57.3	SM137.3	SM147.3	SM157.3	计数方向控制位：0=向下计数；1=向上计数
SM37.4	SM47.4	SM57.4	SM137.4	SM147.4	SM157.4	向 HSC 写入计数方向：0=无更新；1=更新方向
SM37.5	SM47.5	SM57.5	SM137.5	SM147.5	SM157.5	向 HSC 写入新预设值：0=无更新；1=更新预设值
SM37.6	SM47.6	SM57.6	SM137.6	SM147.6	SM157.6	向 HSC 写入新当前值：0=无更新；1=更新当前值
SM37.7	SM47.7	SM57.7	SM137.7	SM147.7	SM157.7	启用 HSC：0=禁用 HSC；1=启用 HSC

表 2-4 高速计数器当前值和预置值寄存器

载入数值	HSC0	HSC1	HSC2	HSC3	HSC4	HSC5
新当前值	SMD38	SMD48	SMD58	SMD138	SMD148	SMD158
新预设值	SMD42	SMD52	SMD62	SMD142	SMD152	SMD162
当前值读取	HC0	HC1	HC2	HC3	HC4	HC5

表 2-5 高速计数器状态字

HSC0	HSC1	HSC2	HSC3	HSC4	HSC5	说明
SM36.0	SM46.0	SM56.0	SM136.0	SM146.0	SM156.0	未使用
SM36.1	SM46.1	SM56.1	SM136.1	SM146.1	SM156.1	未使用
SM36.2	SM46.2	SM56.2	SM136.2	SM146.2	SM156.2	未使用
SM36.3	SM46.3	SM56.3	SM136.3	SM146.3	SM156.3	未使用
SM36.4	SM46.4	SM56.4	SM136.4	SM146.4	SM156.4	未使用
SM36.5	SM46.5	SM56.5	SM136.5	SM146.5	SM156.5	当前计数方向状态位：0=向下计数；1=向上计数
SM36.6	SM46.6	SM56.6	SM136.6	SM146.6	SM156.6	当前值等于预设值状态位：0=不相等；1=等于
SM36.7	SM46.7	SM56.7	SM136.7	SM146.7	SM156.7	当前值大于预设值状态位：0=小于或等于；1=大于

（二）高速计数器初始化

在使用高速计数器计数时，先要对高速计数器进行初始化。初始化步骤如下：

（1）选择高速计数器及模式

（2）设置控制字

（3）设置初始值和状态值

（4）开中断

（5）执行高速计数器指令

高速计数器初始化程序 HSC_INIT 如图 2-6 所示。

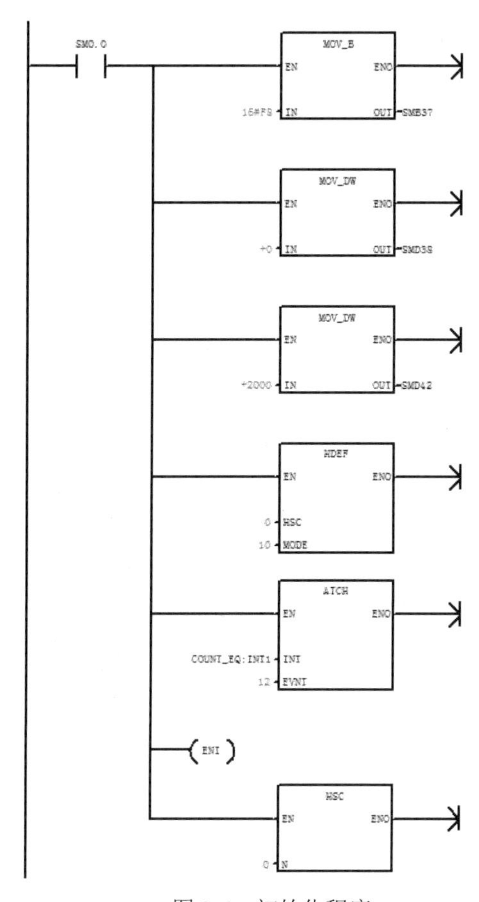

图 2-6　初始化程序

（三）程序设计

控制字中采用的是 4 倍频方式，在 500～1000 个脉冲之间进行涂料加工，程序中预置值为 2000 和 4000。

在第 500 个脉冲来临之际，进入中断，Q0.1 置位，开始涂料加工，HC0 不重置当前值，设定值更新为 4000（第 1000 个脉冲来临之际）；当第 1000 个脉冲来临之际，进入中断，Q0.1 复位，完成一批零件的加工，HC0 不重置当前值；只有当启动按钮再次按下时，调用初始化程序，才重新更新当前值（设为 0）和设定值（2000），接着完成下批工件的加工。主程序如图 2-7 所示。

若当前值等于设定值时，进入中断程序，中断程序负责完成零件的涂料加工。中断程序 COUNT_EQ 如图 2-8 所示。

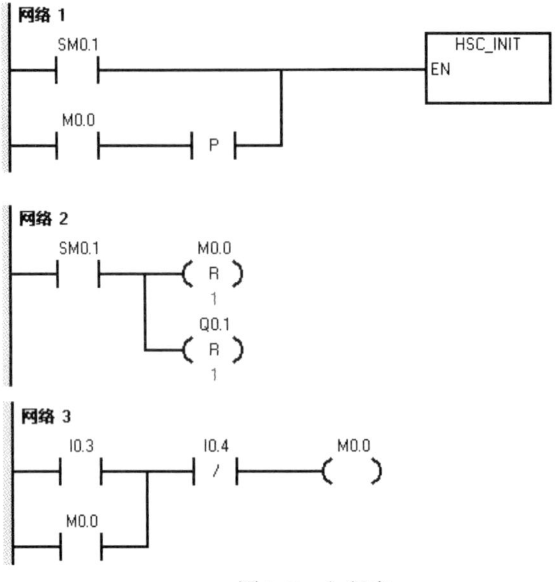

图 2-7 主程序

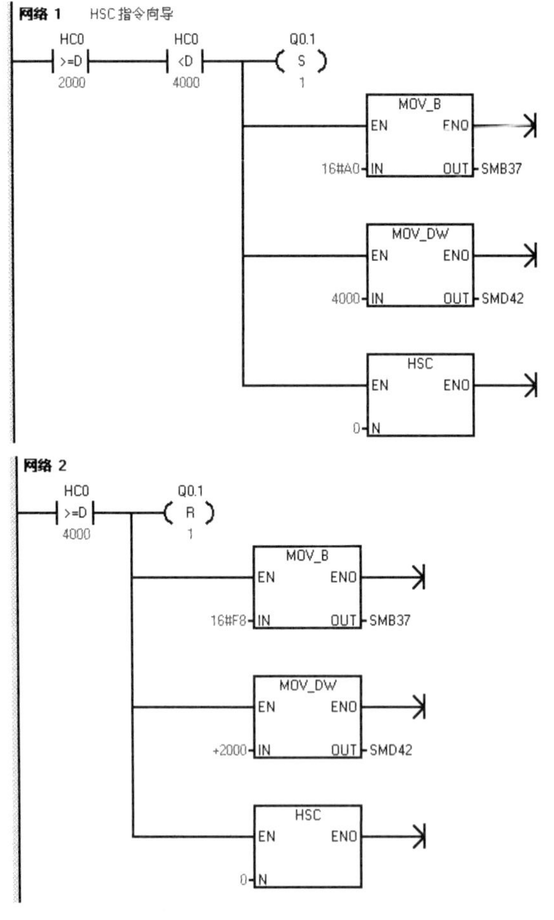

图 2-8 中断程序

四、程序调试

学生活动：完成程序调试

【任务评价】

考核项目		考核要求	配分	评分标准	扣分	得分	备注
态度 （20分）	出勤	不迟到早退，不无故缺勤	10	缺勤1学时，扣0.5分 迟到早退1次，扣0.5分 请假2学时，扣0.5分			
	文明	无违纪现象	5	严重违纪，项目0分处理 安全事故，项目0分处理 其他情况酌情扣1～5分			
	主动性	主动学习，帮助他人	5	不主动，扣5分 一般，扣2分 尚好，扣1分 好，扣0分			
技能 （70分）	安装	正确安装元器件	10	安装不规范，每处扣2分			
	配线	动力回路接线 控制回路接线 接线工艺	20	不按图接线，扣20分 接错或漏接，每根2分 工艺问题，每处扣1分			
	程序设计	高速脉冲初始化程序 中断程序	20	不会，扣20分 不熟练，扣10分 不能独立完成，扣5分			
	调试	主程序及各子程序的 灵活调用及纠错	20	不会，扣20分 不熟练，扣10分 不能独立完成，扣5分			
表达与研究能力 （10分）	口头或书面表达	能讲清编码器、高速脉冲的功能、调试步骤 符合行业规范	7	每错1处扣0.5分			
	研究能力	有一定自学能力，能进行自主分析与设计	3				
总分	总结： 1．我在这些方面做得很好 2．我在这些方面还需要提高						

拓展：知识链接

（一）编码器工作原理

旋转编码器如图2-9所示，是通过光电转换，将输出把轴上的机械、几何位移量转换成脉冲或数字信号的传感器，主要用于速度或位置（角度）的检测。典型的旋转编码器是由光栅盘和光电检测装置组成。光栅盘是在一定直径的圆板上等分地开通若干个长方形狭缝。由于光电码盘与电动机同轴，电动机旋转时，光栅盘与电动机同速旋转，经发光二极管等电子元件组成的检测装置检测输出若干脉冲信号，其原理示意图如图 2-10 所示；通过计算每秒旋转编码器输出脉冲的个数，就能反映当前电动机的转速。

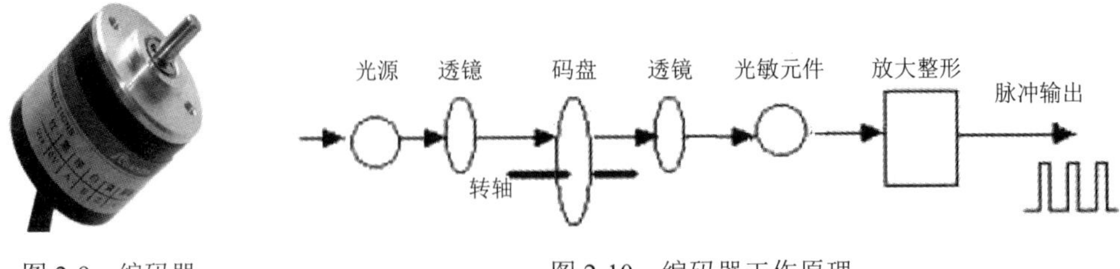

图 2-9　编码器

图 2-10　编码器工作原理

（二）编码器的分类

按照信号电压分为：24V 和 5V。

按照信号采集方式分为：单倍频和四倍频。

按照信号类型分为：绝对式编码器、增量式编码器、混合式编码器。

绝对式编码器为每一个轴的位置提供一个独一无二的编码数字值。增量式编码器轴的每圈转动，为增量式编码器提供一定数量的脉冲。自动线上常采用的是增量式旋转编码器。混合式编码器输出两组信息：一组信息用于检测磁极位置，带有绝对信息功能；另一组则完全和增量式编码器的输出信息相同。

增量式编码器是直接利用光电转换原理输出三组方波脉冲 A、B 和 Z 相；A、B 两组脉冲相位差 90°，用于辨向：当 A 相脉冲超前 B 相时为正转方向，而当 B 相脉冲超前 A 相时则为反转方向。Z 相为每转一个脉冲，用于基准点定位，如图 2-11 所示。

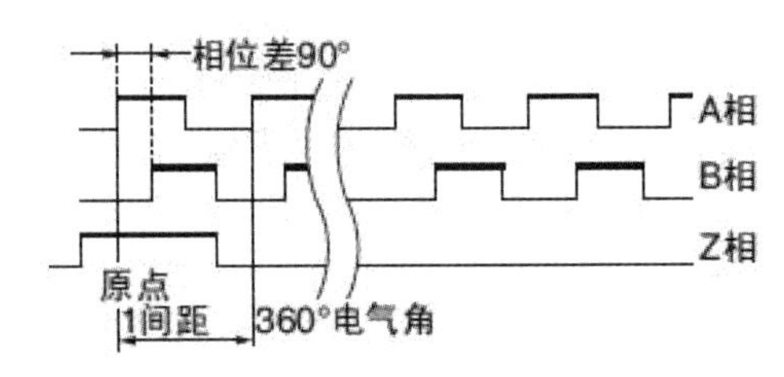

图 2-11　增量式编码器

（三）编码器的接线

以增量式编码器为例，其接线方式如图 2-12 所示。

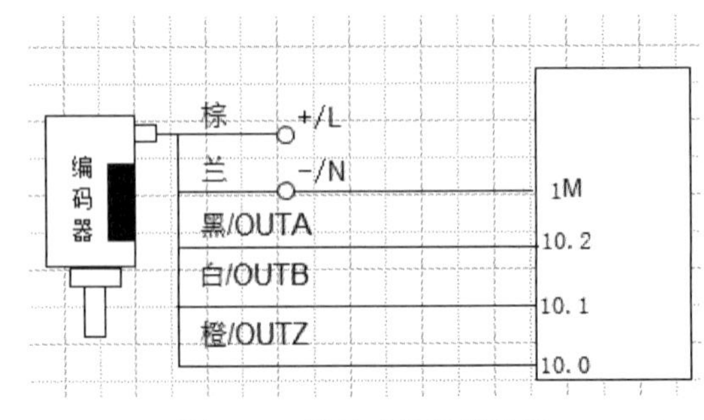

图 2-12　增量式编码器接线

任务3　编码器+变频器的交流电机分拣控制系统

【学习目标】

1．了解编码器的工作原理、接线。
2．熟悉高速计数器指令。
3．熟悉变频器参数设置。
4．熟悉触摸屏界面设计。

【任务描述及准备】

一、任务描述

按下启动按键，并且检测到传送带上有工件时，变频器带动交流电机工作，从而使传送带带动工件前行。若检测到此工件为金属材质，则分拣到 A 站；若为非金属材质，则分拣到 B 站。按下停止按键，整个循环停止。可在触摸屏上设置启动、停止及变频器运行速度。

二、所需工具设备

1．西门子 MicroMaster 420 变频器（例如：6SE6420-2UD17-5AA1），1 台。
2．西门子基本操作面板 BOP，1 只。
3．ZSP3004-0001E-200B-5-24C 编码器，1 台。
4．三相异步电动机，1 台。
5．CPU224XP（DC/DC/DC）的西门子 PLC，1 台。
6．小型断路器 DZ47-D4，1 只。
7．明纬开关电源 SDR-75-24，1 个。
8．按钮，2 个。
9．常用电工工具，1 套。
10．分拣装置实验台，1 台。
11．TP177B color PN/DP，WinCC flexible 触摸屏。
12．软导线 RV1.0mm^2，1 根。

三、完成任务的步骤

1．设计主电路图和 PLC 控制回路及 I/O 分配。
2．根据电路图接线。
3．编写程序。
4．变频器参数设置。
5．触摸屏界面设计。
6．调试。

【任务实施】

一、电路图设计

根据控制要求，主电路只需要控制一台电机即可，电机的速度由变频器控制。控制回路PLC的输入设有启动、停止按钮及编码器A、B相输入，传感器检测；PLC的输出接变频器5号端子，外部控制，V、M模拟量控制变频器频率；PLC的输出控制电磁阀动作，实现分拣效果。请根据任务要求，完成电路图。

参考电路如图2-13和图2-14所示。

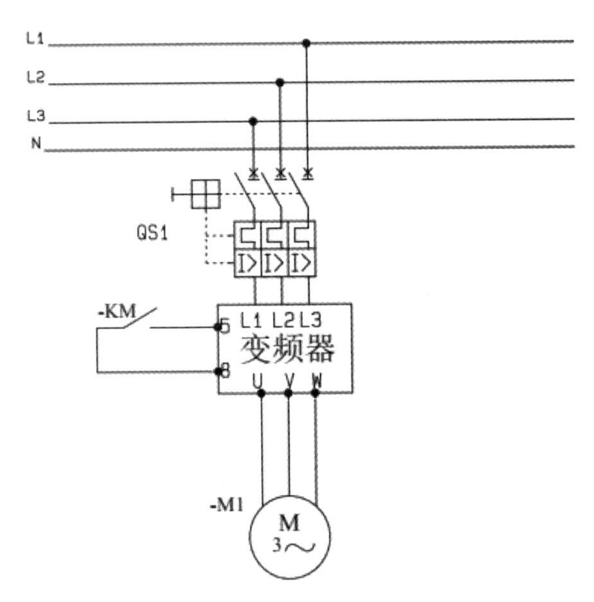

图2-13　主电路设计

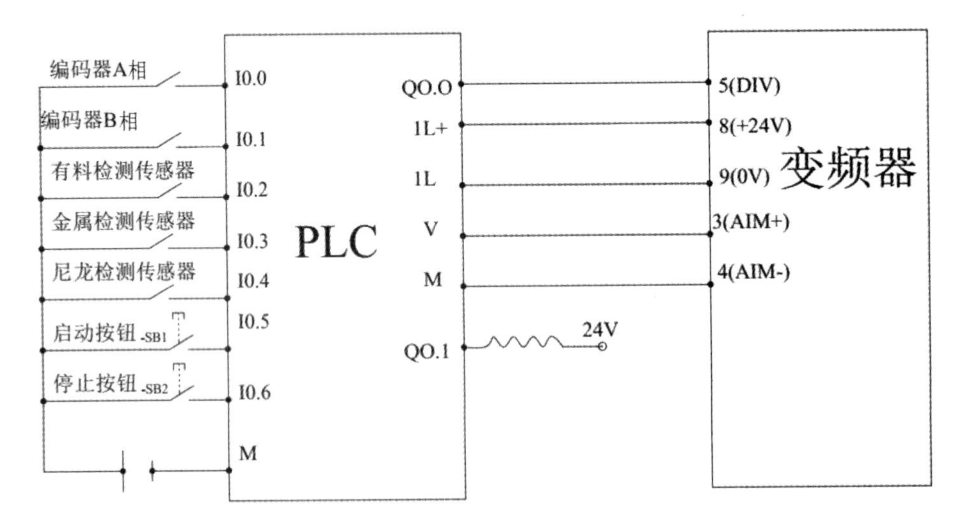

图2-14　控制回路设计

PLC 的 I/O 分配如表 2-6 所示。

表 2-6　PLC 的 I/O 分配

类型	地址	功能
输入 I	I0.0	编码器 A 相
	I0.1	编码器 B 相
	I0.2	物料有无检测传感器
	I0.3	金属检测传感器
	I0.4	尼龙检测传感器
	I0.5	启动
	I0.6	停止
输出 Q	Q0.0	变频器启动
	Q0.1	推料电磁阀

二、电路接线

实验台如图 2-15 所示，左起为编码器、交流电机、是否有料检测、金属材质检测、分拣 A 区、电磁阀、分拣 B 区。根据设计的电路，完成实验台、变频器、PLC 的接线。

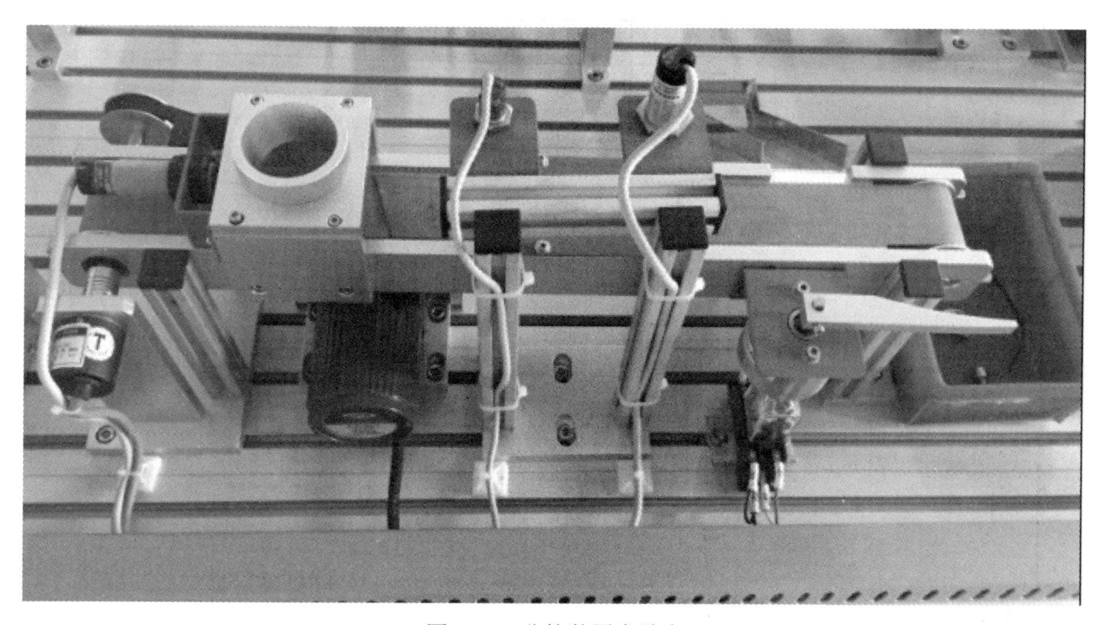

图 2-15　分拣装置实验台

三、程序设计

根据光电传感器，检测是否有料，决定是否启动变频器带动电机传送带工作。根据金属检测传感器检测工件材质，并启动电磁阀做相应动作，达到分拣效果。为了在传感器位置正确检测，采用编码器定位。电机运行速度由变频器决定。变频器由 PLC 的输出模拟量控制，通过需求改变 PLC 的输出模拟量大小，以此控制电机的速度。

主程序设计如图 2-16 所示。

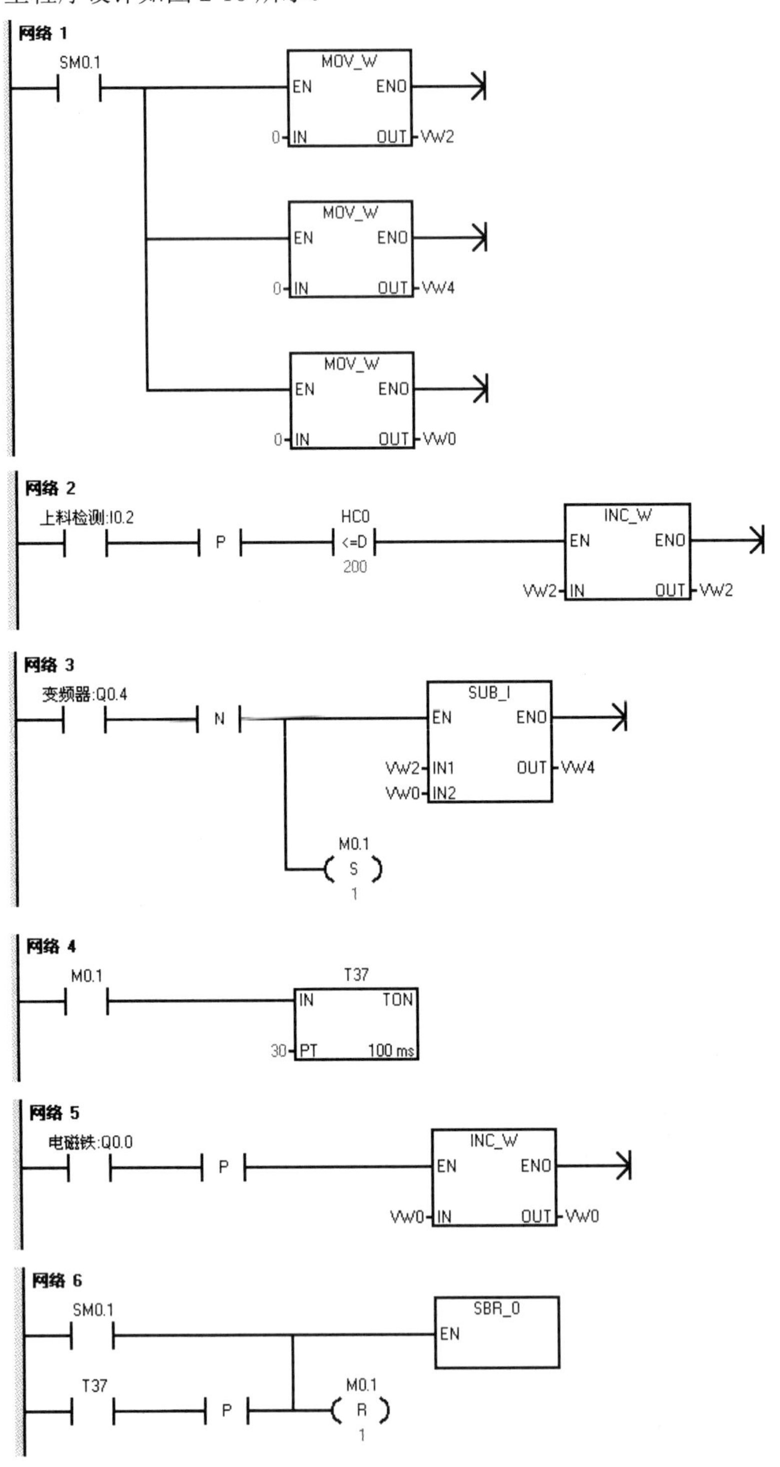

图 2-16 主程序

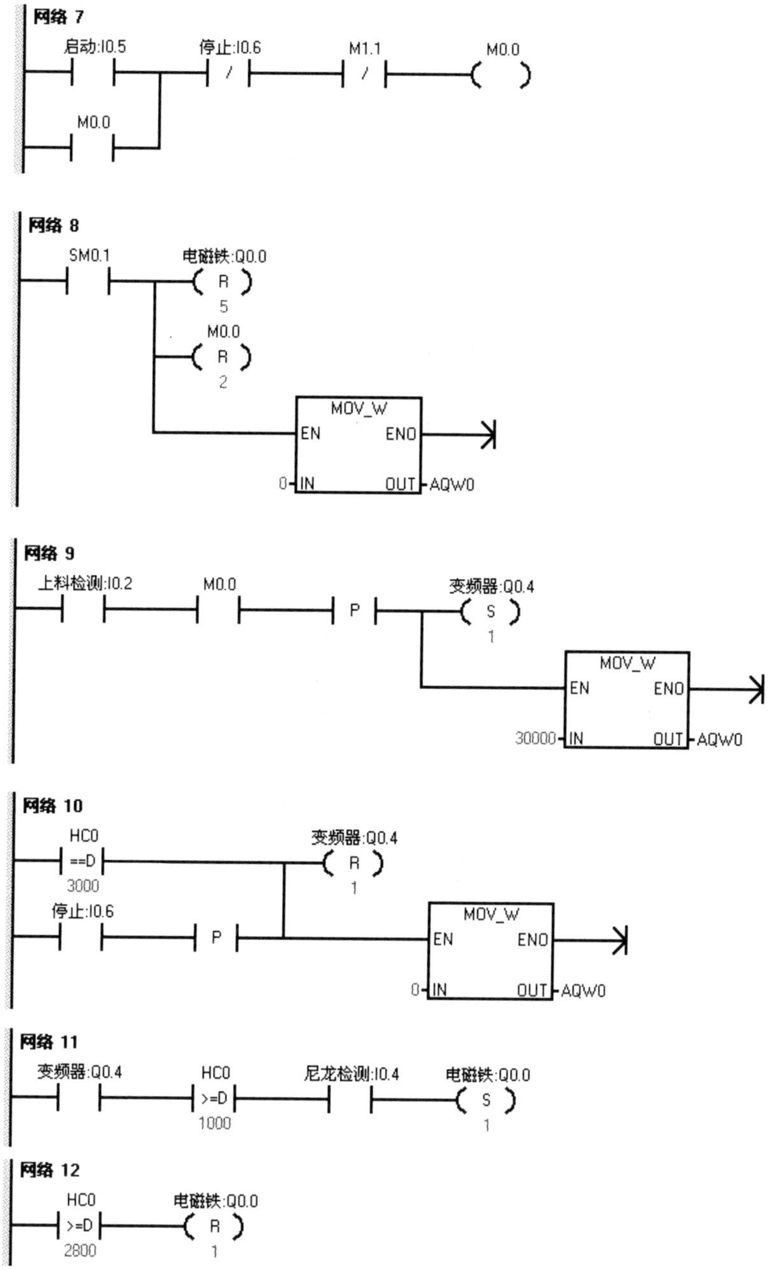

网络 7
启动:I0.5　停止:I0.6　M1.1　M0.0
M0.0

网络 8
SM0.1　电磁铁:Q0.0　R　5
M0.0　R　2
MOV_W　EN　ENO　0-IN　OUT-AQW0

网络 9
上料检测:I0.2　M0.0　P　变频器:Q0.4　S　1
MOV_W　EN　ENO　30000-IN　OUT-AQW0

网络 10
HC0　==D　3000　变频器:Q0.4　R　1
停止:I0.6　P
MOV_W　EN　ENO　0-IN　OUT-AQW0

网络 11
变频器:Q0.4　HC0　>=D　1000　尼龙检测:I0.4　电磁铁:Q0.0　S　1

网络 12
HC0　>=D　2800　电磁铁:Q0.0　R　1

图 2-16　主程序（续图）

编码器、高速计数器采用 HSC0 方式 9 工作，以此来准确定位。高速计数器初始化程序如下图 2-17 所示。

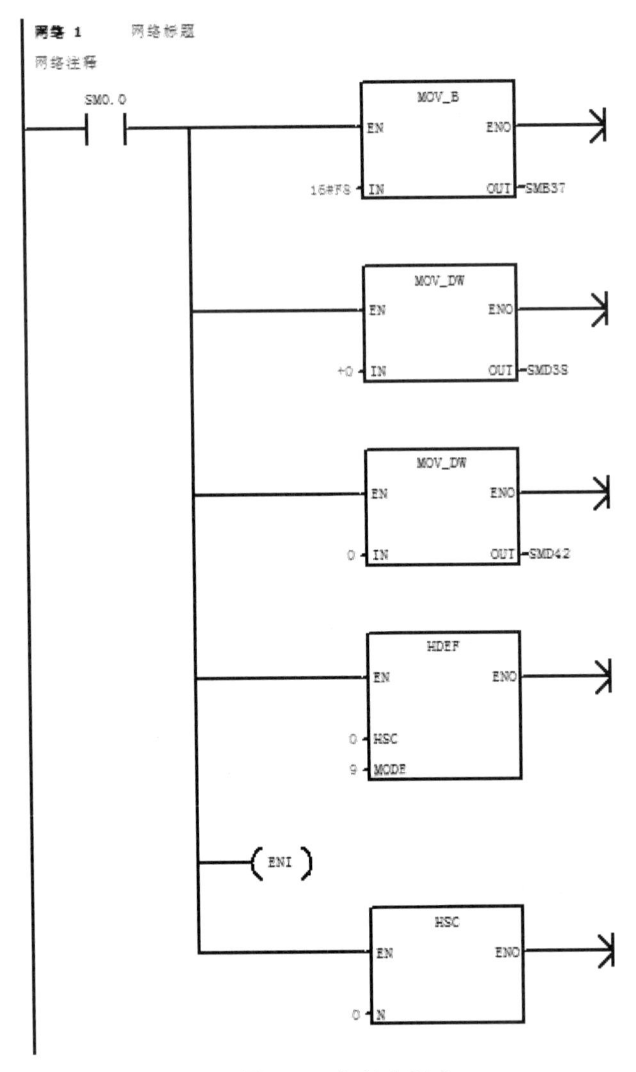

图 2-17　初始化程序

四、变频器参数设置

学生活动：完成模拟量控制的变频器参数设置，填入表 2-7 中。

表 2-7　变频器参数设置

参数代码	设定数据	参数代码	设定数据
P0010		P1000	
P0970		P1120	
P0003		P1121	
P0700		P1300	
P0701			

五、触摸屏界面设计

（一）变量设定（见图 2-18）

名称	连接	数据类型	地址
非金属工件	200	Word	VW 4
工件共个数	200	Word	VW 2
金属工件	200	Word	VW 0
频率	200	Word	VW 6
启动	200	Bool	M 1.0
停止	200	Bool	M 1.1

图 2-18　触摸屏变量设定

（二）界面设计（见图 2-19）

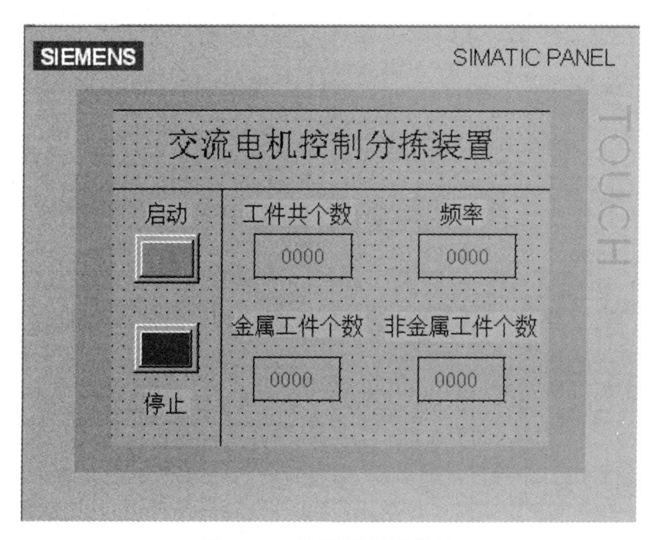

图 2-19　触摸屏界面设计

（三）下载至面板端

1．采用以太网下载方式和电缆连接方式：一端连到电脑的以太网网卡上，另一端连接到 Ethernet 接口上。

2．面板端设置：

在面板中设置传输方式为以太网模式，在网络设备中选择“SMSC100FD1：Onboard LAN Ethernet Driver”，并设置 IP 地址，如图 2-20 和图 2-21 所示。

3．计算机端设置：

进入以太网卡列表，双击西门子面板的以太网卡图标。在 Properties 中选择 Internet Protocol (TCP/IP)。在 Internet Protocol(TCP/IP)Properties 中设置 IP 地址。此 IP 地址必须和面板的 IP 地址在同一个网段，子网掩码必须一致，如图 2-22 所示。

4．打开已经编译好的界面程序，单击“项目→传送→传送设置”，进行设置，在计算机名或 IP 地址中输入面板的 IP 地址，单击“传送”，即可进行传送，如图 2-23 所示。

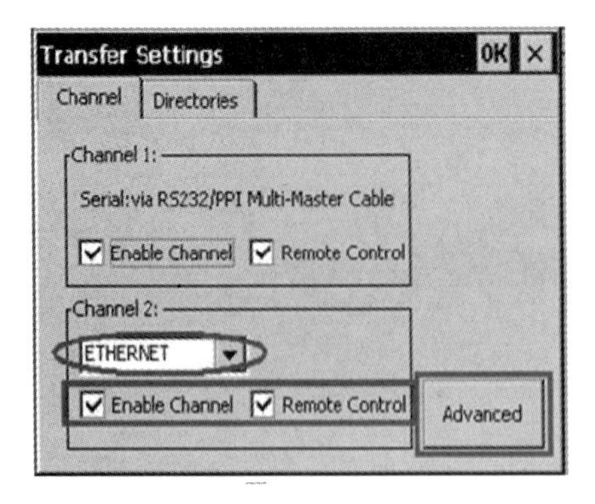

图 2-20 传输方式选择

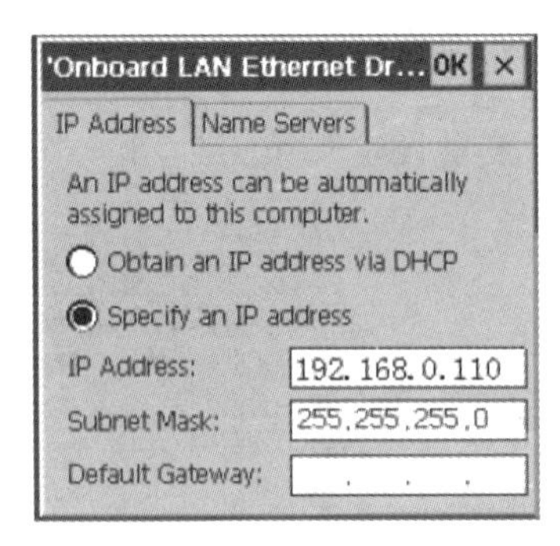

图 2-21 IP 地址设置

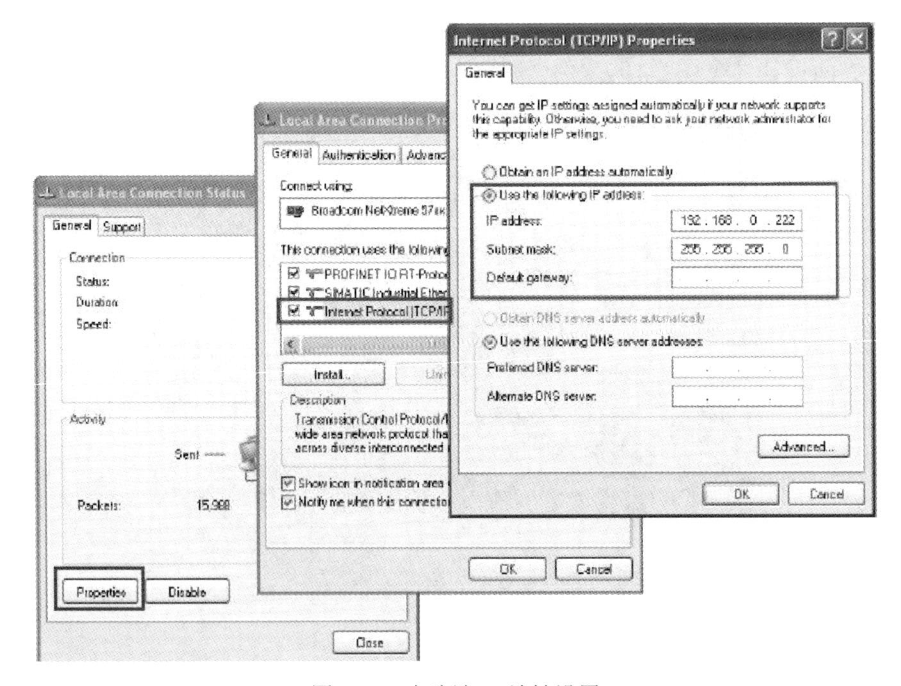

图 2-22 电脑端 IP 地址设置

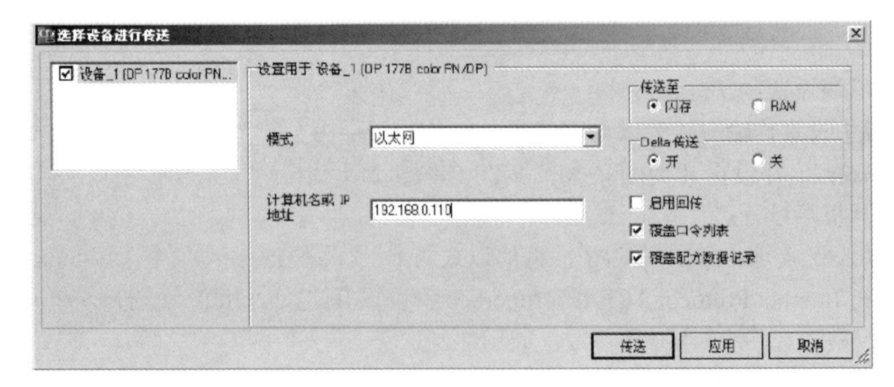

图 2-23 界面传送

六、调试

学生活动：

（一）修改程序

1. 触摸屏可启动、停止系统。
2. 电机运行速度可通过触摸屏界面设定。

（二）调试

【任务评价】

<table>
<tr><th colspan="2">考核项目</th><th>考核要求</th><th>配分</th><th>评分标准</th><th>扣分</th><th>得分</th><th>备注</th></tr>
<tr><td rowspan="3">态度
（20 分）</td><td>出勤</td><td>不迟到早退，不无故缺勤</td><td>10</td><td>缺勤 1 学时，扣 0.5 分
迟到早退 1 次，扣 0.5 分
请假 2 学时，扣 0.5 分</td><td></td><td></td><td></td></tr>
<tr><td>文明</td><td>无违纪现象</td><td>5</td><td>严重违纪，项目 0 分处理
安全事故，项目 0 分处理
其他情况酌情扣 1～5 分</td><td></td><td></td><td></td></tr>
<tr><td>主动性</td><td>主动学习，帮助他人</td><td>5</td><td>不主动，扣 5 分
一般，扣 2 分
尚好，扣 1 分
好，扣 0 分</td><td></td><td></td><td></td></tr>
<tr><td rowspan="4">技能
（70 分）</td><td>安装</td><td>正确安装元器件</td><td>10</td><td>安装不规范，每处扣 2 分</td><td></td><td></td><td></td></tr>
<tr><td>配线</td><td>动力回路接线
控制回路接线
接线工艺</td><td>15</td><td>不按图接线，扣 20 分
接错或漏接，每根 2 分
工艺问题，每处扣 1 分</td><td></td><td></td><td></td></tr>
<tr><td>程序界面设计</td><td>高速脉冲初始化程序
触摸屏界面设计</td><td>20</td><td>不会，扣 20 分
不熟练，扣 10 分
不能独立完成，扣 5 分</td><td></td><td></td><td></td></tr>
<tr><td>调试</td><td>主程序及各子程序的灵活调用及调试</td><td>25</td><td>不会，扣 25 分
不熟练，扣 10 分
不能独立完成，扣 5 分</td><td></td><td></td><td></td></tr>
<tr><td rowspan="2">表达与研究能力
（10 分）</td><td>口头或书面表达</td><td>能讲清变频器参数、触摸屏界面的功能，调试步骤符合行业规范</td><td>7</td><td>每错 1 处，扣 0.5 分</td><td></td><td></td><td></td></tr>
<tr><td>研究能力</td><td>有一定自学能力，能进行自主分析与设计</td><td>3</td><td></td><td></td><td></td><td></td></tr>
<tr><td>总分</td><td colspan="7">总结：
1．我在这些方面做得很好
2．我在这些方面还需要提高</td></tr>
</table>

【思考与练习题】

1．编写一个高速计数程序，将 I0.6 的输入模式设置为高速计数，为 A/B 相正交计数，由外部信号启动和复位。当计数值为 50 的时候将计数值清零重新计数。

2．编写一个高速计数程序，将 I0.0 的输入模式设置为高速计数，为 A 相计数，B 相高电平为加计数。由内部信号启动和复位。当计数值为 100 的时候停止计数，并将 Q0.0 置位。

项目三　基于变频器的恒压供水系统设计

随着现代城市不断发展，传统的供水系统越来越无法满足用户的供水需求，变频恒压供水系统是现代建筑中普遍采用的一种供水系统。恒压供水指的是用户端在任何时候，无论用水量的大小，总能保持网管中水压的基本恒定。变频恒压供水系统采用 PLC、传感器、变频器及水泵机组构成闭环控制系统，自动化程度高，高效节能。

【学习目标】

一、基本目标

1．掌握变频器输出的应用。
2．能使用变频器模拟量控制。
3．能根据要求设计 PLC 程序。
4．能根据要求进行正确接线及检测。

二、提高目标

1．会使用 PLC 的 PID 的控制。
2．会使用 PLC 的模拟量输入、输出模块控制变频器的运行。

【任务描述及准备】

一、任务描述

为提高水泵的工作效率，节约用水量，通常采用一台变频器拖动多台水泵的控制方式。当用户用水量较小时，采用一台水泵变频控制。随着用户用水量的增多，当第一台水泵达到上限时，第一台工频运行，变频启动第二台水泵。若两台水泵不能满足用户水量的要求，按同样的方法投入第三台。当用户用水量减少时，切断第三台水泵，第二台水泵转为变频运行。若水量还在减少，切断第二台水泵，第一台转变频；若用水量还在减少，则所有水泵停止运行。

首先按下启动按钮且在下限时，第一台电机变频工作，10s 以后未达到要求第一台电机工频工作，第二台电机变频工作。10s 以后未达到要求第一二台电机工频工作，第三台变频工作。当用水量减少时，第三台电机停止，第二台变频工作，第一台工频运行，10s 以后第一台变频运行，此时用水量还在减少，10s 以后电机全部停止。

二、所需工具设备

1．西门子 MicroMaster 440 变频器，1 台。
2．西门子基本操作面板 BOP，1 只。
3．三相异步电动机，3 台。

4．CPU226XP (AC/DC/RLY)的西门子 PLC，1 台。
5．模拟量扩展模块，EM235，1 个。
6．小型断路器，2 个。
7．交流接触器，6 个。
8．明纬开关电源 SDR-75-24，1 个。
9．按钮，2 个。
10．压力变送器 BP-800K，1 个。
11．常用电工工具，1 套。
12．软导线 RV1.0mm^2，1 根。

三、完成任务的步骤

1．设计恒压控制系统的主电路及控制回路。
2．主电路及控制回路接线。
3．完成模拟恒压的变频器 PID 设置。
4．完成变频器参数设置。
5．程序设计。
6．调试。

【任务实施】

一、电路图设计

根据控制要求，采用一台变频器拖动三台水泵的控制方式，通过交流接触器进行几台水泵间的切换。一台电机的工频和变频也是通过交流接触器进行切换，尤其要注意的是工频和变频控制必须要互锁，防止变频器短路烧毁。通过压力变送器采集当前水压，为模拟量，输入模拟量扩展模块的模拟量输入，并且根据 PID 控制变频器的频率输出。变频器采用 MM440，其 19/20 号端子控制下限频率输出，21/22 号端子控制上限频率输出。PLC 的输入设有启动、停止、上限、下限、压力模拟量输入；PLC 的输出设有第一台电机的工频、变频控制，第二台电机的工频、变频控制，第三台电机的工频、变频控制，模拟量输出接变频器的模拟量输入。请根据任务要求，完成主电路图、PLC 的 I/O 分配及电路图。参考如表 3-1 和图 3-1。

表 3-1　I/O 分配

类型	地址	功能
输入	I0.0	启动
	I0.1	停止
	I0.2	上限检测
	I0.3	下限检测
	AIW0	模拟量输入

续表

类型	地址	功能
输出	Q0.0	M1 变频
	Q0.1	M1 工频
	Q0.2	M2 变频
	Q0.3	M2 工频
	Q0.4	M3 变频
	Q1.0	变频器输出
	AWQ0	模拟量输出

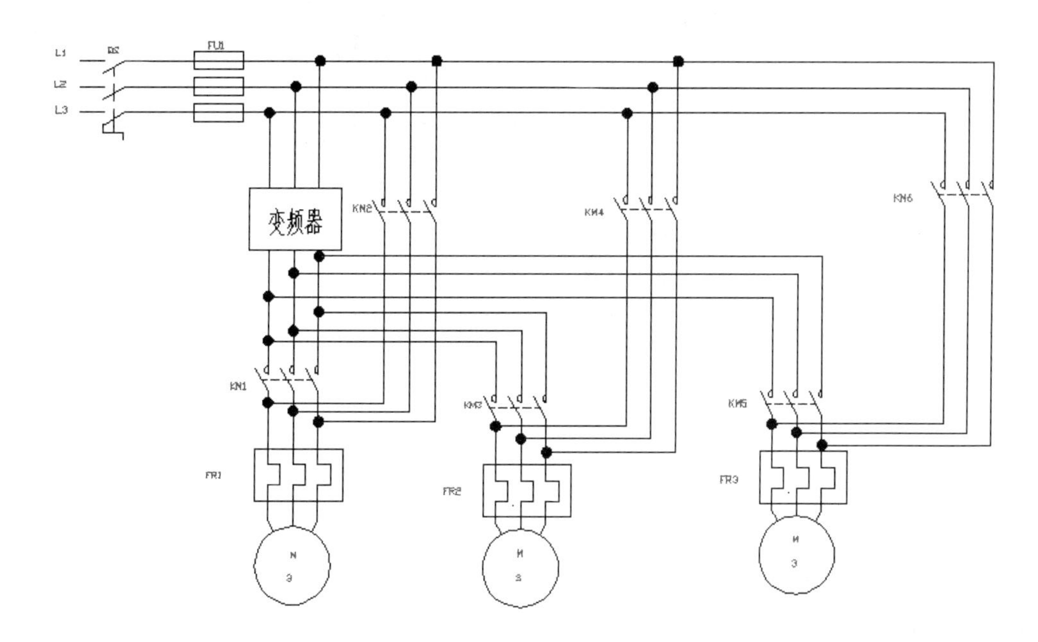

图 3-1　主电路图

学生活动：在参考基础上完成 PLC 控制电路设计。

二、电路接线

根据设计的电路，完成接线。图 3-2 是控制电路接线图。主电路通过断路器接至变频器，变频器通过 3 个交流接触器接至三台电机。另三相交流电通过三个交流接触器接至三台电机控制其工频运行。压力变送器模拟量输入，通过 PID 控制变频器模拟量输出。

EM235

EM235 是四路模拟量输入，一路模拟量输出。分为单极性和双极性输入，其量程范围和分辨率如表 3-2 所示。

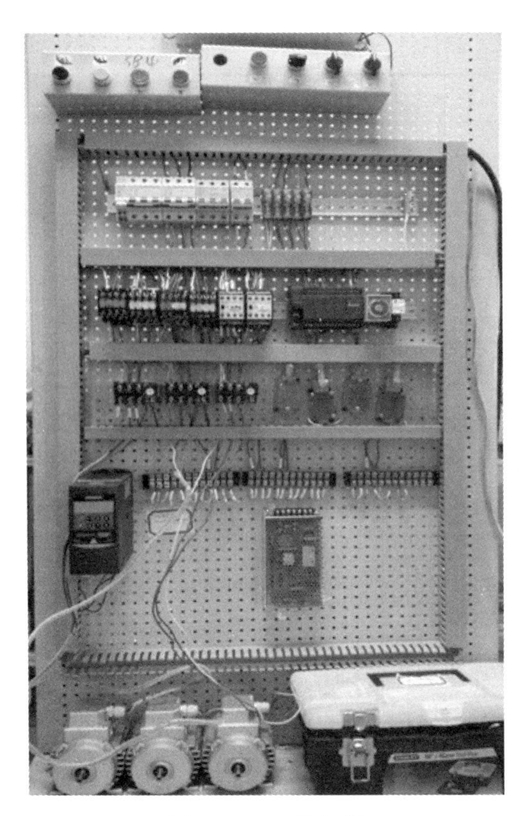

图 3-2 电气控制图

表 3-2 用于选择模拟量量程和精度的 EM235 配置开关表

单极性						清量程输入	分辨率
SW1	SW2	SW3	SW4	SW5	SW6		
ON	OFF	OFF	ON	OFF	ON	0 至 50mV	12.5μV
OFF	ON	OFF	ON	OFF	ON	0 至 100mV	25μV
ON	OFF	OFF	OFF	ON	ON	0 至 500mV	125μV
OFF	ON	OFF	OFF	ON	ON	0 至 1V	250μV
ON	OFF	OFF	OFF	OFF	ON	0 至 5V	1.25mV
ON	OFF	OFF	OFF	OFF	ON	0 至 20mV	5μV
OFF	ON	OFF	OFF	OFF	ON	0 至 10V	2.5μV
双极性						清量程输入	分辨率
SW1	SW2	SW3	SW4	SW5	SW6		
ON	OFF	OFF	ON	OFF	OFF	+25mV	12.5μV
OFF	ON	OFF	ON	OFF	OFF	+50mV	25μV
OFF	OFF	ON	ON	OFF	OFF	+100mV	50μV
ON	OFF	OFF	OFF	ON	OFF	+250mV	12μV
OFF	ON	OFF	OFF	ON	OFF	+500mV	250μV

续表

双极性						清量程输入	分辨率
SW1	SW2	SW3	SW4	SW5	SW6		
OFF	OFF	ON	OFF	ON	OFF	+1V	500μV
ON	OFF	OFF	OFF	OFF	OFF	+2.5V	1.25mV
OFF	ON	OFF	OFF	OFF	OFF	+5V	2.5mV
OFF	OFF	ON	OFF	OFF	OFF	+10V	5mV

根据实际电路的需求，对拨码开关进行操作，选择正确的量程及极性。

三、PID 设置

工程实际中，应用最为广泛的调节器控制规律为比例、积分、微分控制，简称 PID 控制，又称 PID 调节。

（1）比例（P）控制

比例控制是一种最简单的控制方式。其控制器输出与输入误差信号成比例关系。当仅有比例控制时系统输出存在稳态误差（Steady-state error）。

（2）积分（I）控制

积分控制中，控制器输出与输入误差信号积分成正比关系。对一个自动控制系统，进入稳态后存在稳态误差，则称这个控制系统有稳态误差或简称有差系统（System with Steady-state Error）。消除稳态误差，控制器中必须引入“积分项”。积分项对误差取决于时间积分，时间增加，积分项会增大。这样，即便误差很小，积分项也会随时间增加而加大，它推动控制器输出增大使稳态误差进一步减小，直到等于零。比例+积分（PI）控制器，可以使系统进入稳态后无稳态误差。

（3）微分（D）控制

微分控制中，控制器输出与输入误差信号微分（即误差变化率）成正比关系。自动控制系统克服误差调节过程中可能会出现的振荡失稳。其原因是存在较大惯性组件（环节）或滞后（delay）组件，具有抑制误差作用，其变化总是落后于误差变化。解决办法是使抑制误差作用变化“超前”，即误差接近零时，抑制误差作用就应该是零。这就是说，控制器中仅引入“比例项”往往是不够的，比例项作用仅是放大误差幅值，而目前需要增加的是“微分项”，它能预测误差变化趋势。这样，具有比例+微分控制器，就能够提前使抑制误差控制作用等于零，为负值，避免了被控量严重超调。对有较大惯性或滞后被控对象，比例+微分（PD）控制器能改善系统调节过程中的动态特性。

（4）PID 向导

Micro/WIN 提供了 PID Wizard（PID 指令向导），可以帮助用户方便地生成一个闭环控制过程的 PID 算法。此向导可以完成绝大多数 PID 运算的自动编程，用户只需在主程序中调用 PID 向导生成的子程序，就可以完成 PID 控制任务。

在 Micro/WIN 的命令菜单中选择 Tools→Instruction Wizard，然后在指令向导窗口中选择 PID 指令，如图 3-3 所示。

在使用向导时必须先对项目进行编译，在随后弹出的对话框中选择“Yes”，确认编译。如果已有的程序中存在错误，或者有没有编完的指令，编译不能通过。

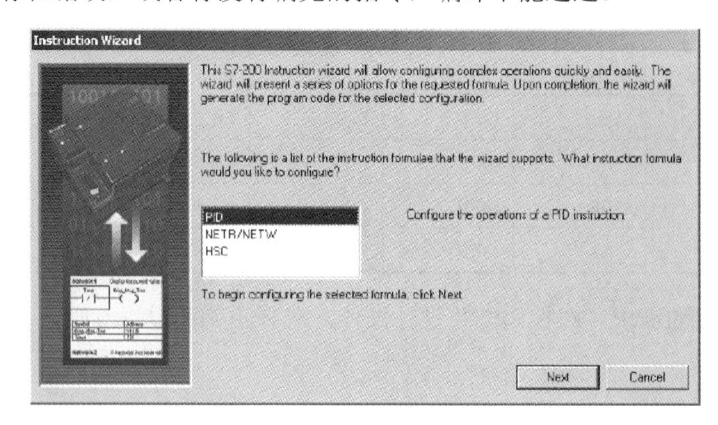

图 3-3　选择 PID 向导

如果你的项目中已经配置了一个 PID 回路，则向导会指出已经存在的 PID 回路，并让你选择是配置修改已有的回路，还是配置一个新的回路，如图 3-4 所示。

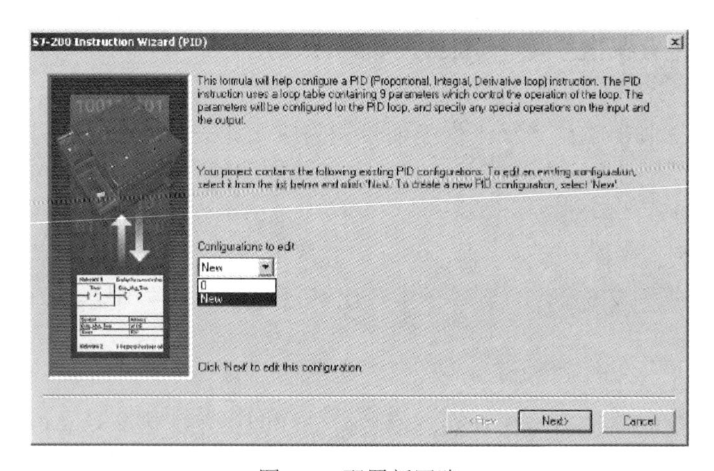

图 3-4　配置新回路

第一步：定义需要配置的 PID 回路号，如图 3-5 所示。

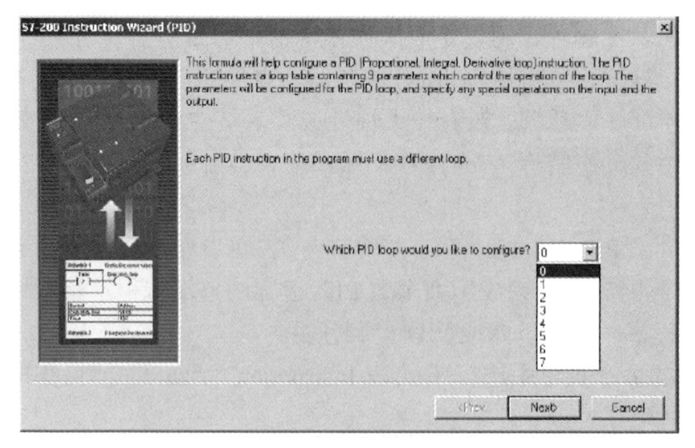

图 3-5　选择回路号

第二步：设定 PID 回路参数，如图 3-6 所示。

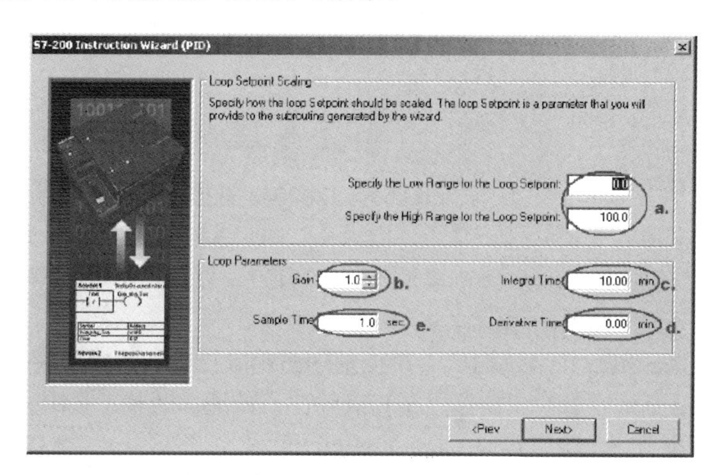

图 3-6　设置 PID 参数

a. 定义回路设定值（SP，即给定）的范围：

在低限（Low Range）和高限（High Range）输入框中输入实数，缺省值为 0.0 和 100.0，表示给定值的取值范围占过程反馈量程的百分比。

b. Gain（增益）：即比例常数。

c. Integral Time（积分时间）：如果不想要积分作用，可以把积分时间设为无穷大：9999.99。

d. Derivative Time（微分时间）：如果不想要微分回路，可以把微分时间设为 0。

e. Sample Time（采样时间）：是 PID 控制回路对反馈采样和重新计算输出值的时间间隔。在向导完成后，若想要修改此数，则必须返回向导中修改，不可在程序中或状态表中修改。

第三步：设定 PID 输入输出参数，如图 3-7 所示。

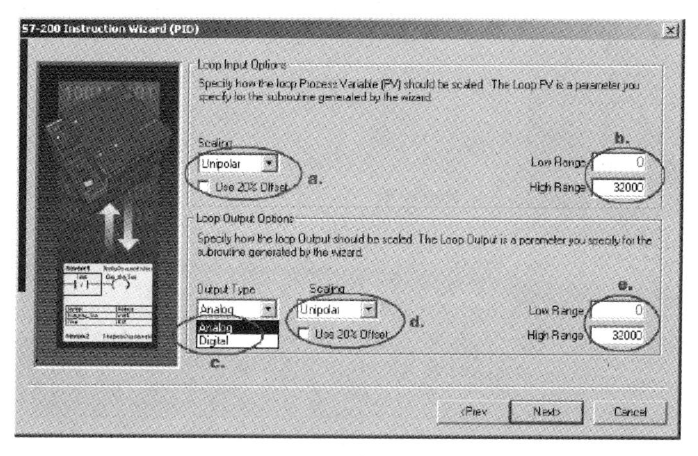

图 3-7　设定 PID 输入输出参数

a. 指定输入类型

- Unipolar：单极性，即输入的信号为正，如 0～10V 或 0～20mA 等。
- Bipolar：双极性，输入信号在从负到正的范围内变化。如输入信号为±10V、±5V 等时选用。

- Use 20% Offset：选用 20%偏移。如果输入为 4～20mA，则选单极性及此复选框，4mA 是 0～20mA 信号的 20%，所以选 20%偏移，即 4mA 对应 6400，20mA 对应 32000。

b. 反馈输入取值范围

- 在 a.设置为 Unipolar 时，缺省值为 0～32000，对应输入量程范围 0～10V 或 0～20mA 等，输入信号为正。
- 在 a.设置为 Bipolar 时，缺省的取值为-32000～+32000，对应的输入范围根据量程不同可以是±10V、±5V 等。
- 在 a.选中 Use 20% Offset 时，取值范围为 6400～32000，不可改变。

c. Output Type（输出类型）

可以选择模拟量输出或数字量输出。模拟量输出用来控制一些需要模拟量给定的设备，如比例阀、变频器等；数字量输出实际上是控制输出点的通、断状态按照一定的占空比变化，可以控制固态继电器（加热棒等）。

d. 选择模拟量则需设定回路输出变量值的范围，可以选择：

- Unipolar：单极性输出，可为 0～10V 或 0～20mA 等。
- Bipolar：双极性输出，可为±10V 或±5V 等。
- Use 20% Offset：如果选中 20%偏移，使输出为 4～20mA。

e. 取值范围：

- d 为 Unipolar 时，缺省值为 0～32000。
- d 为 Bipolar 时，取值-32000～32000。
- d 为 Use 20% Offset 时，取值 6400～32000，不可改变。

如果选择了开关量输出，需要设定此占空比的周期。

第四步：设定回路报警选项，如图 3-8 所示。

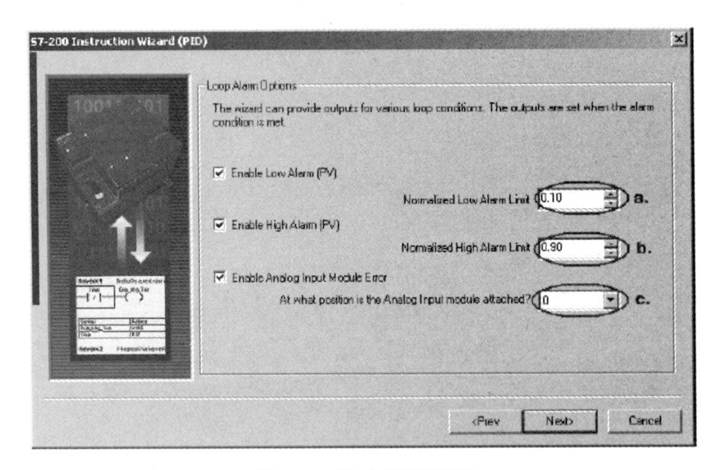

图 3-8　设定回路报警

向导提供了三个输出来反映过程值（PV）的低值报警、高值报警及过程值模拟量模块错误状态。当报警条件满足时，输出置位为 1。这些功能在选中了相应的选择框之后起作用。

a.使能低值报警并设定过程值（PV）报警的低值，此值为过程值的百分数，缺省值为 0.10，即报警的低值为过程值的 10%。此值最低可设为 0.01，即满量程的 1%。

b.使能高值报警并设定过程值（PV）报警的高值，此值为过程值的百分数，缺省值为 0.90，即报警的高值为过程值的 90%。此值最高可设为 1.00，即满量程的 100%。

c.使能过程值（PV）模拟量模块错误报警并设定模块与 CPU 连接时所处的模块位置，“0”就是第一个扩展模块的位置。

第五步：指定 PID 运算数据存储区，如图 3-9 所示。

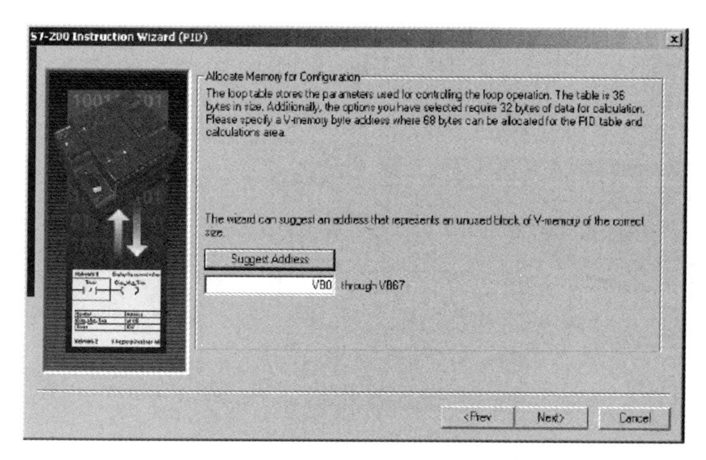

图 3-9　分配运算数据存储区

第六步：定义向导所生成的 PID 初始化子程序和中断程序名及手动/自动模式，如图 3-10 所示。

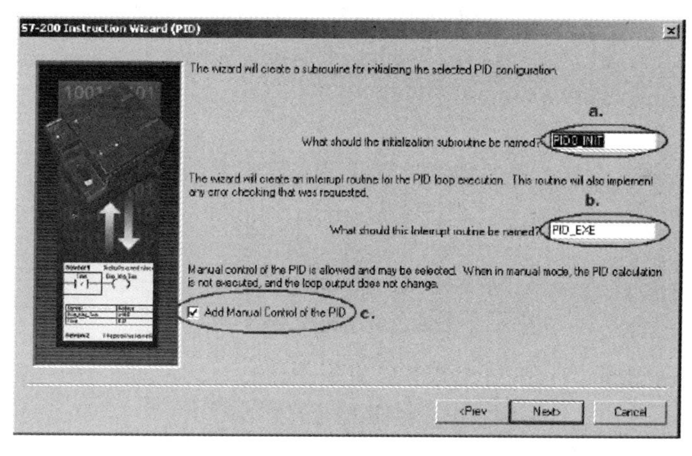

图 3-10　指定子程序、中断服务程序名和选择手动控制

向导已经为初始化子程序和中断子程序定义了缺省名，你也可以修改成自己起的名字。

a. 指定 PID 初始化子程序的名字。

b. 指定 PID 中断子程序的名字。

注意：

①如果你的项目中已经存在一个 PID 配置，则中断程序名为只读，不可更改。因为一个项目中所有 PID 共用一个中断程序，它的名字不会被任何新的 PID 所更改。

②PID 向导中断用的是 SMB34 定时中断，在用户使用了 PID 向导后，注意在其他编程

时不要再用此中断，也不要向 SMB34 中写入新的数值，否则 PID 将停止工作。

③此处可以选择添加 PID 手动控制模式。在 PID 手动控制模式下，回路输出由手动输出设定控制，此时需要为手动控制输出参数写入一个 0.0～1.0 的实数，代表输出的 0%～100%而不是直接去改变输出值。

此功能提供了 PID 控制的手动和自动之间的无扰切换能力。

第七步：生成 PID 子程序、中断程序及符号表等

一旦单击完成按钮，将在你的项目中生成上述 PID 子程序、中断程序及符号表等，如图 3-11 所示。

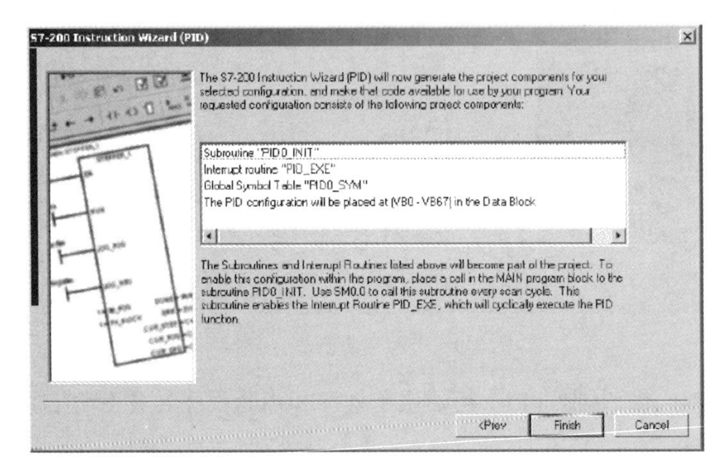

图 3-11 生成 PID 子程序、中断程序和符号表等

第八步：配置完 PID 向导，需要在程序中调用向导生成的 PID 子程序（如图 3-12 和图 3-13 所示）。

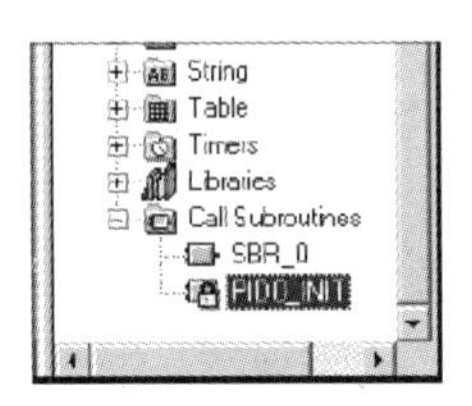

图 3-12 PID 子程序

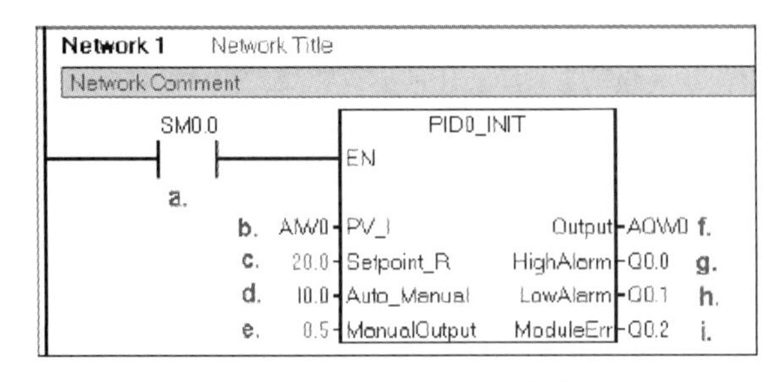

图 3-13 调用 PID 子程序

在用户程序中调用 PID 子程序时，可在指令树的 Program Block（程序块）中双击由向导

生成的 PID 子程序，在局部变量表中，可以看到有关形式参数的解释和取值范围。

a. 必须用 SM0.0 来使能 PID，以保证它的正常运行。

b. 此处输入过程值（反馈）的模拟量输入地址。

c. 此处输入设定值变量地址（VDxx），或者直接输入设定值常数。根据向导中的设定 0.0～100.0，此处应输入一个 0.0～100.0 的实数，例：若输入 20，即为过程值的 20%，假设过程值 AIW0 是量程为 0～200 度的温度值，则此处的设定值 20 代表 40 度（即 200 度的 20%）；如果在向导中设定给定范围为 0.0～200.0，则此处的 20 相当于 20 度。

d. 此处用 I0.0 控制 PID 的手动/自动方式，当 I0.0 为 1 时，为自动，经过 PID 运算从 AQW0 输出；当 I0.0 为 0 时，PID 将停止计算，AQW0 输出为 Manual Output（VD4）中的设定值，此时不要另外编程或直接给 AQW0 赋值。若在向导中没有选择 PID 手动功能，则此项不会出现。

e. 定义 PID 手动状态下的输出，从 AQW0 输出一个满值范围内对应此值的输出量。此处可输入手动设定值的变量地址（VDxx），或直接输入数。数值范围为 0.0～1.0 之间的一个实数，代表输出范围的百分比。例如：输入 0.5，则设定为输出的 50%；若在向导中没有选择 PID 手动功能，则此项不会出现。

f. 此处键入控制量的输出地址。

g. 当高报警条件满足时，相应的输出置位为 1；若在向导中没有使能高报警功能，则此项将不会出现。

h. 当低报警条件满足时，相应的输出置位为 1；若在向导中没有使能低报警功能，则此项将不会出现。

i. 当模块出错时，相应的输出置位为 1；若在向导中没有使能模块错误报警功能，则此项将不会出现。调用 PID 子程序时，不用考虑中断程序。子程序会自动初始化相关的定时中断处理事项，然后中断程序会自动执行。

学生活动：完成 PID 设定，压力调整的目标值为其压力最大值的 20%。

四、变频器参数设置

变频器采用的是模拟量控制，请同学们完成参数设置，填入表 3-3 中。

学生活动：请完成变频器参数设定

表 3-3 变频器参数设定

参数代码	设定数据	参数代码	设定数据
P0010		P1000	
P0970		P1120	
P0003		P1121	
P0700		P1300	
P0701		P1080	
P0732		P1082	
P0731			

五、程序设计

根据控制要求，程序的顺序功能图如图 3-14 所示。

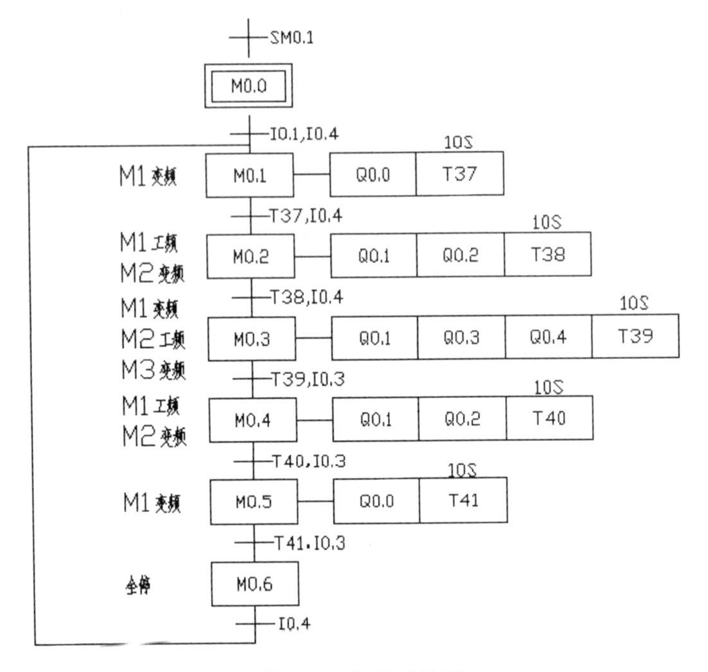

图 3-14 顺序功能图

根据顺序功能，其参考程序如图 3-15 所示。

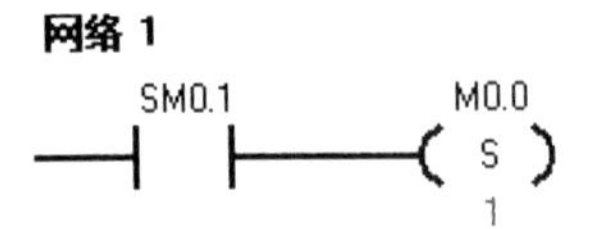

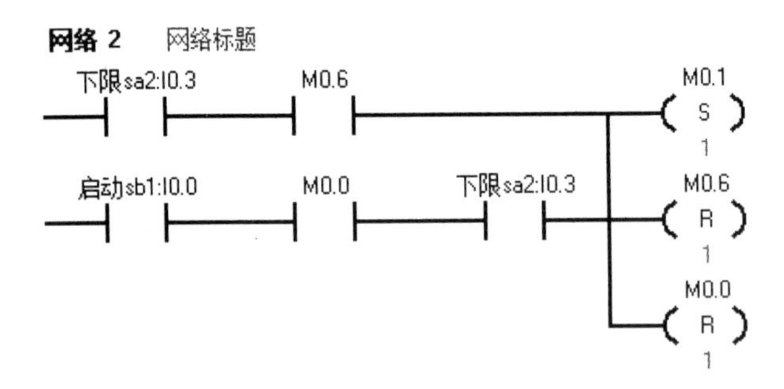

符号	地址	注释
启动sb1	I0.0	启动sb1
下限sa2	I0.3	下限sa2

图 3-15 参考程序

网络 3

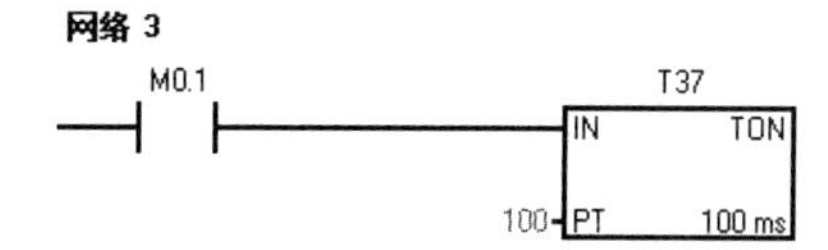

网络 4

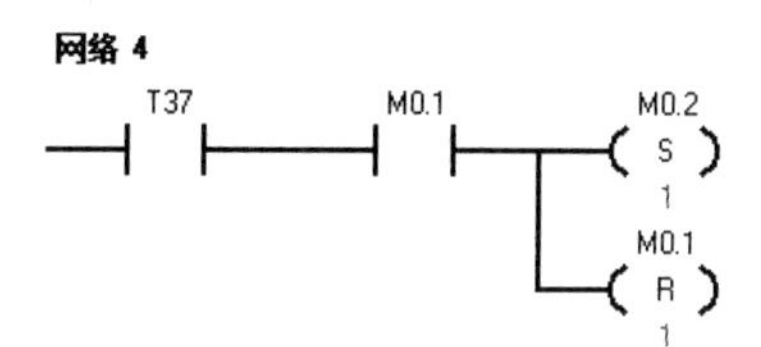

网络 5

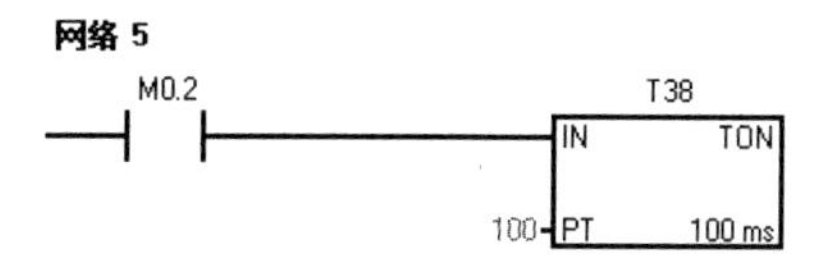

网络 6

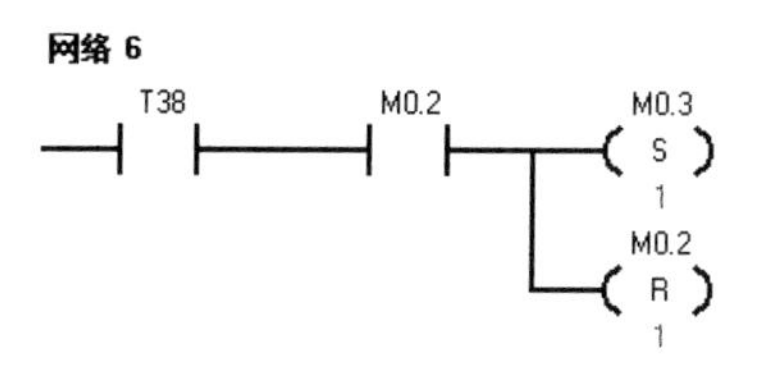

网络 7

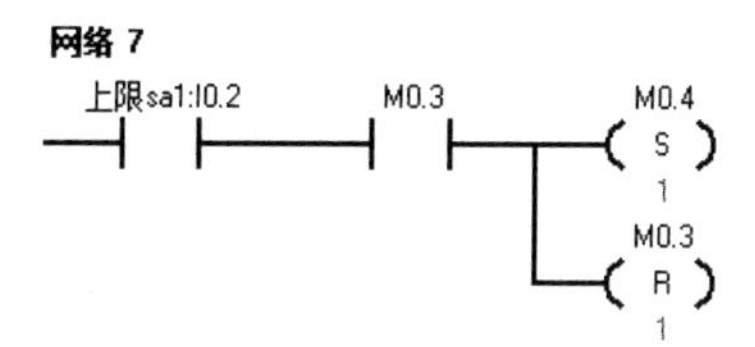

符号	地址	注释
上限sa1	I0.2	上限sa1

网络 8

M0.4　T39　IN　TON　100　PT　100 ms

网络 9

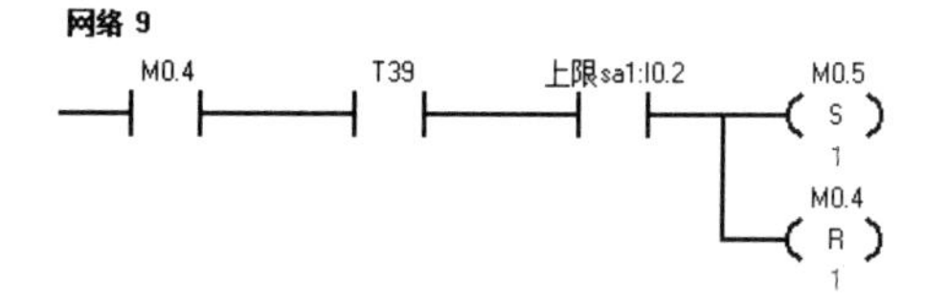

符号	地址	注释
上限sa1	I0.2	上限sa1

网络 10

M0.5　T40　IN　TON　100　PT　100 ms

图 3-15　参考程序（续图）

网络 11

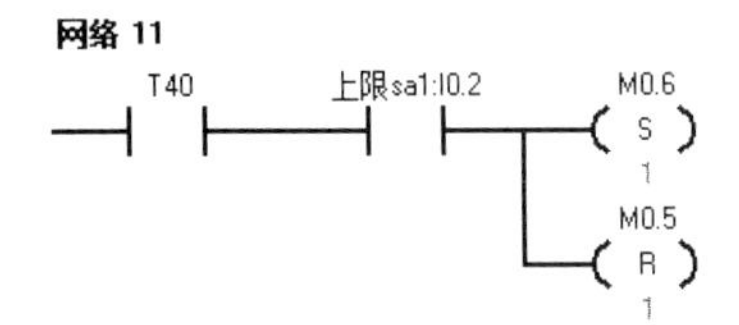

符号	地址	注释
上限sa1	I0.2	上限sa1

网络 12

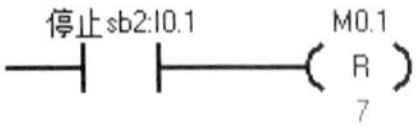

停止sb2:I0.1
M0.1
R
7

符号	地址	注释
停止sb2	I0.1	停止sb2

网络 13

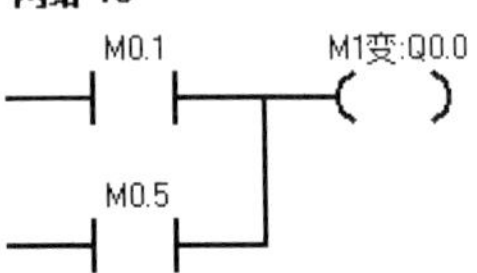

符号	地址	注释
M1变	Q0.0	KM1 M1变

网络 14

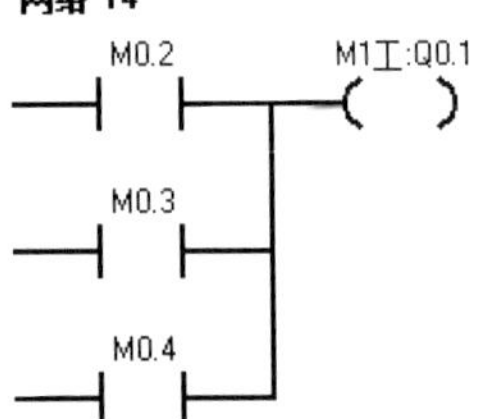

符号	地址	注释
M1工	Q0.1	KM2 M1公

网络 15

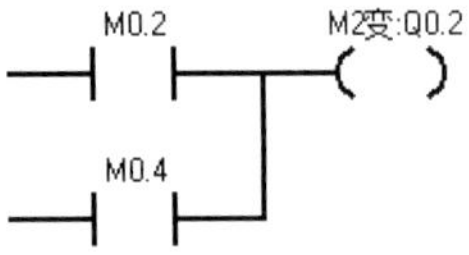

M0.2
M2变:Q0.2
M0.4

符号	地址	注释
M2变	Q0.2	KM3 M2变

网络 16

M0.3
M2工:Q0.3

符号	地址	注释
M2工	Q0.3	KM4 M2工公

图 3-15　参考程序（续图）

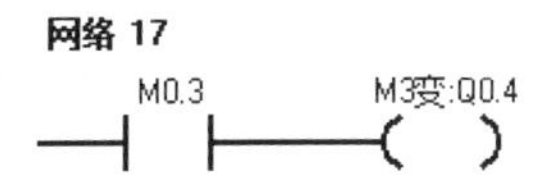

符号	地址	注释
M3变	Q0.4	KM5 M3变

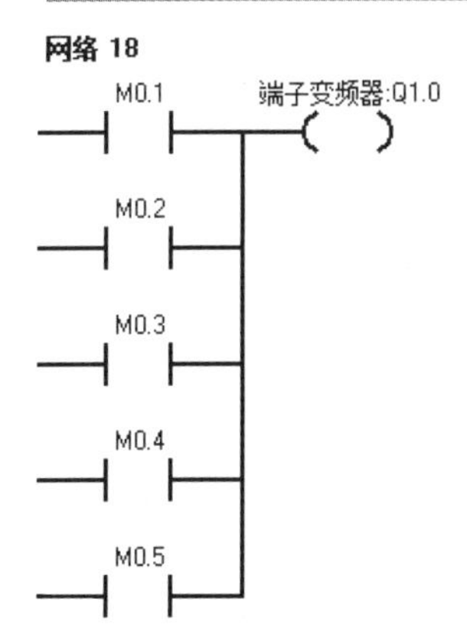

符号	地址	注释
端子变频器	Q1.0	KA1 5号端子

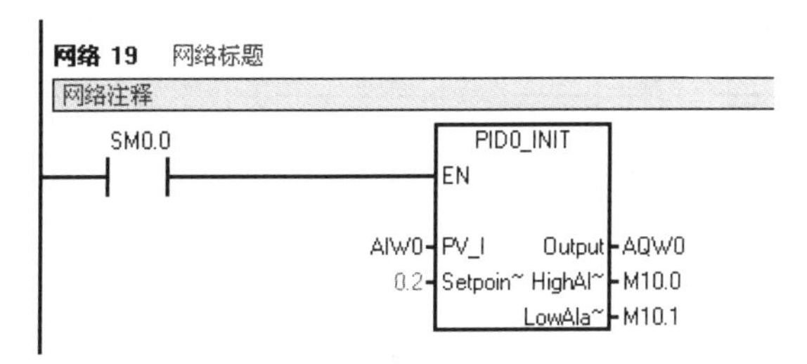

图 3-15　参考程序（续图）

学生活动：考虑 PID 控制的变频器模拟量输出梯形图设计

请完成 PID 向导，及主程序中调用 PID 子程序。

六、调试

学生活动：请根据控制要求重新进行程序设计与调试。

【任务评价】

考核项目		考核要求	配分	评分标准	扣分	得分	备注
态度（20 分）	出勤	不迟到早退，不无故缺勤	10	缺勤 1 学时，扣 0.5 分 迟到早退 1 次，扣 0.5 分 请假 2 学时，扣 0.5 分			
	文明	无违纪现象	5	严重违纪，项目 0 分处理 安全事故，项目 0 分处理 其他情况酌情扣 1~5 分			

续表

考核项目		考核要求	配分	评分标准	扣分	得分	备注
	主动性	主动学习，帮助他人	5	不主动，扣 5 分 一般，扣 2 分 尚好，扣 1 分 好，扣 0 分			
技能 （70 分）	安装	正确安装元器件	10	安装不规范，每处扣 2 分			
	配线	动力回路接线 控制回路接线 接线工艺	20	不按图接线，扣 20 分 接错或漏接，每根 2 分 工艺问题，每处扣 1 分			
	PID 向导	正确设置 PID 向导，根据控制要求绘制梯形图并编写相关程序	20	不会，扣 20 分 不熟练，扣 10 分 不能独立完成，扣 5 分			
	调试	能进行软硬件相互调试	20	不会，扣 20 分 不熟练，扣 10 分 不能独立完成，扣 5 分			
表达与研究能力 （10 分）	口头或书面表达	能讲清 PID 的作用，以及 PID 向导的设置及 PID 子程序的调用；变频器模拟量控制； 符合行业规范	7	每错 1 处，扣 0.5 分			
	研究能力	有一定自学能力，能进行自主分析与设计	3				
总分	总结： 1．我在这些方面做得很好 2．我在这些方面还需要提高						

【思考与练习题】

1．PID 算法中积分项和微分项对系统的作用是什么？

2．某控制过程，其中一个单极性模拟量输入从 AIW0 采集到 PLC 中，通过 PID 指令运算后从 AQW0 输出到控制对象。PID 参数表的起始地址为 VB100，试设计程序完成下列任务：

（1）每 200ms 中断一次，执行 PID 中断程序；

（2）在中断程序中完成对过程量的采集、转换及“标定”处理和输出量的工程标定；

（3）在主程序中完成子程序调用。

项目四　基于步进电机控制的滚珠丝杠传动系统设计

工业系统上，要求带动工件进行加工，其移动距离精确，速度可控，能够完成精确定位的功能。在触摸屏上设定好滚珠丝杠传动系统的移动距离及速度，以及系统移动方向，按下启动按钮，系统以设定好的速度移动相应位置，分毫不差。若在移动过程中碰到左右限，系统停止运行，并在触摸屏上出现相应的报警信息。

任务 1　基于位置控制向导的步进电机控制

【学习目标】

一、基本目标

1. 掌握高速脉冲发生器的特点。
2. 会使用位置控制向导生成包络及相关子程序。
3. 掌握步进电机控制原理并完成相关接线。
4. 熟悉细分的概念，并能正确计算步进电机速度、高速脉冲发生器频率。

二、提高目标

1. 能通过查找资料计算脉冲当量，传动比等参数。
2. 能根据任务要求，熟练使用步进电机位置控制向导生成的子程序。

【任务描述及准备】

一、任务描述

由步进电机控制的滚珠丝杠传动系统，设定好移动方向后，按下自动运行按钮，步进电机带动滚珠丝杠传动系统移动 20000 个脉冲后停止，速度为 10000Pul/s 即 10kHz；设定好方向后，若按下手动启动按钮，步进电机带动滚珠丝杠传动系统以 2000Pul/s 即 2kHz 速度运行，直到按下手动停止按钮才停止。在运行过程中，若碰到左右限，系统停止运行。

二、所需工具设备

1. 57J09 步进电动机，1 台。
2. M542 步进电机驱动器，1 个。
3. CPU224XP（DC/DC/DC）的西门子 PLC，1 台。

4．小型断路器 DZ47-D4，1 只。
5．滚珠丝杠传动装置，1 个。
6．明纬开关电源 SDR-75-24，1 个。
7．按钮，4 个。
8．常用电工工具，1 套。
9．软导线 RV1.0mm^2，1 根。

三、完成任务的步骤

1．设计步进电机控制系统的 PLC 控制回路及 I/O 分配。
2．根据电路图接线。
3．完成 PTO 位置控制向导。
4．完成主程序设计。
5．调试。

【任务实施】

一、电路图设计

根据控制要求，步进电机接至步进控制器，控制步进电机相关运行。由 PLC 控制 M542 步进电机驱动器的向、脉冲数及脉冲频率。PLC 的输入设有自动启动、手动启动、停止和左、右限位及转向；PLC 的输出设有脉冲控制、方向控制。请根据任务要求，完成 PLC 的 I/O 分配及电路图。

学生活动：设计 I/O 分配及电路图，参考表 4-1 和图 4-1。

表 4-1 I/O 分配

	功能	地址
输入 I	左限位	I0.0
	右限位	I0.1
	自动启动按钮	I0.2
	停止按钮	I0.3
	手动启动按钮	I0.4
	左右移	I0.5
输出 Q	脉冲	Q0.0
	方向	Q0.1

二、电路接线

根据设计的电路，完成接线。图 4-2 是滚珠丝杠控制系统，由步进电机及步进电机控制器、左右中限位开关、丝杠传动系统、标尺等组成，螺距为 10mm/转。

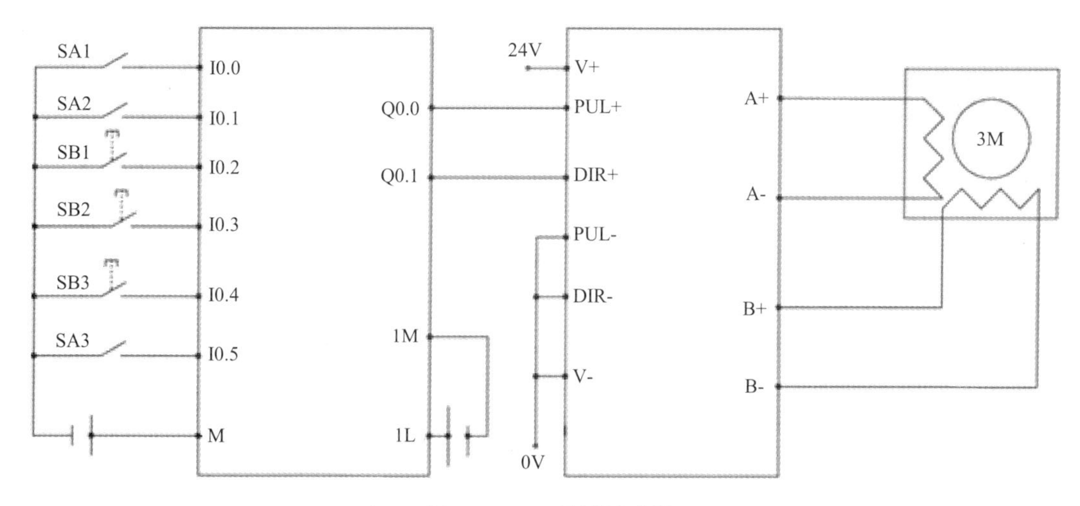

图 4-1　PLC 外围接线图

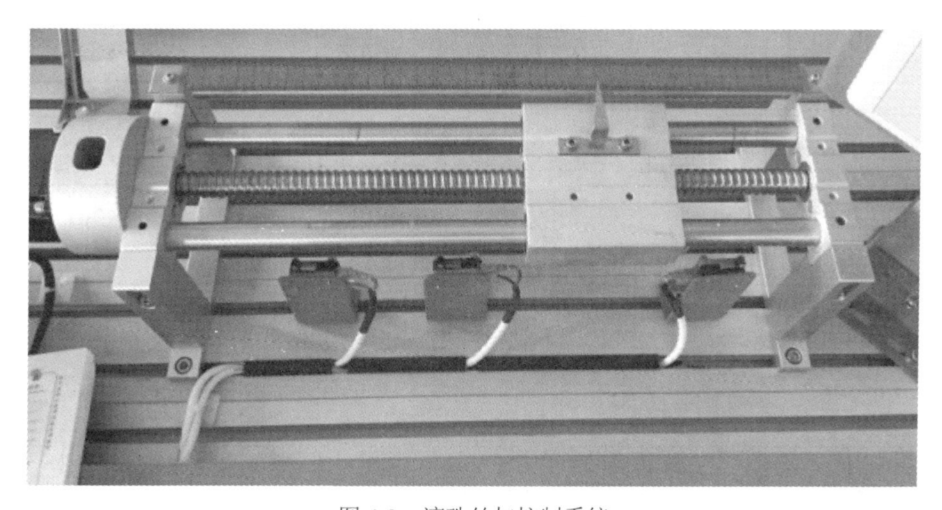

图 4-2　滚珠丝杠控制系统

以下介绍步进电机驱动器及步进电机。

（一）M542 型驱动器

M542 型驱动器，具有发热低、运行噪声低和运行平稳等优点，主要驱动 42、57 型两相混合式步进电机。其微步细分数有 15 种，最大步数为 25000Pulse/rev；其工作峰值电流范围为 1.0A～4.2A，输出电流共有 8 挡，电流的分辨率约为 0.45A；具有自动半流、过压和过流保护等功能。本驱动器为直流供电，建议工作电压范围为 DC（24V～36V），电压不超过 DC50V，不低于 DC20V。

表 4-2　驱动器功能

驱动器功能	操作说明
微步细分数设定	由 SW5～SW8 四个拨码开关来设定驱动器微步细分数，其共有 15 挡微步细分。用户设定微步细分时，应先停止驱动器运行。具体微步细分数的设定，详见驱动器面板图说明

续表

驱动器功能	操作说明
输出电流设定	由 SW1～SW3 三个拨码开关来设定驱动器输出电流，其输出电流共有 8 挡。具体输出电流的设定，详见驱动器面板图说明
自动半流功能	用户可通过 SW4 来设定驱动器的自动半流功能。off 表示静态电流设为动态电流的一半，on 表示静态电流与动态电流相同。一般用途中应将 SW4 设成 off，使得电机和驱动器的发热减少，可靠性提高。脉冲串停止后约 0.4 秒左右电流自动减至一半左右（实际值的 60%），发热量理论上减至 36%
信号接口	PUL＋和 PUL－为控制脉冲信号正端和负端；DIR＋和 DIR－为方向信号正端和负端；ENA＋和 ENA－为使能信号正端和负端
电机接口	A＋和 A－接步进电机 A 相绕组的正负端；B＋和 B－接步进电机 B 相绕组的正负端。当 A、B 两相绕组调换时，可使电机方向反向
电源接口	采用直流电源供电，工作电压范围建议为 24～36VDC，电源功率大于 100W，电压不超过 50VDC 和不低于 20VDC
指示灯	驱动器有红绿两个指示灯。其中绿灯为电源指示灯，当驱动器上电后绿灯常亮；红灯为故障指示灯，当出现过压、过流故障时，故障灯常亮。故障清除后，红灯灭。当驱动器出现故障时，只有重新上电和重新使能才能清除故障
安装说明	驱动器的外形尺寸为：118×75.5×34mm，安装空距为 112mm。即可以卧式和立式安装，建议采用立式安装。安装时，应使其紧贴在金属机柜上以利于散热

1．参数设定

M542 驱动器采用八位拨码开关设定细分精度、动态电流和半流/全流。详细描述如下：

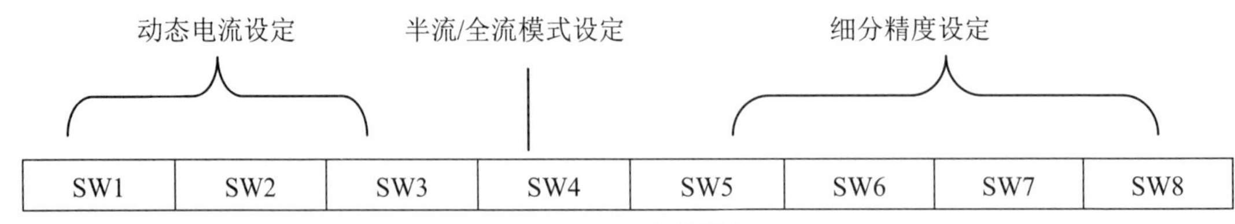

图 4-3　驱动器参数设定

2．工作电流设定

用三位拨码开关一共可设定 8 个电流级别，参见表 4-3。

表 4-3　电流级别

输出峰值电流	输出均值电流	SW1	SW2	SW3
1.00A	0.71A	on	on	on
1.46A	1.04A	off	on	on
1.91A	1.36A	on	off	on
2.37A	1.69A	off	off	on
3.84A	2.03A	on	on	off
3.31A	2.36A	off	on	off
3.76A	2.69A	on	off	off
4.20A	3.00A	off	off	off

3．微步细分设定

细分精度由 SW5～SW8 四位拨码开关设定，参见表 4-4。本项目中设定为 10000 步数/转。

表 4-4　细分设定

步数/转	SW5	SW6	SW7	SW8
400	off	on	on	on
800	on	off	on	on
1600	off	off	on	on
3200	on	on	off	on
6400	off	on	off	on
12800	on	off	off	on
25600	off	off	off	on
1000	on	on	on	off
2000	off	on	on	off
4000	on	off	on	off
5000	off	off	on	off
8000	on	on	off	off
10000	off	on	off	off
20000	on	off	off	off
25000	off	off	off	off

（二）57J09 两相步进电机

57J09 两相步进电机的电路图如图 4-4 所示，步距角 1.8°，静态电流 2.8A，相电阻 0.8Ω，相电感 1.2mH，保持转矩 0.9N • m，定位转矩 0.04N • m。

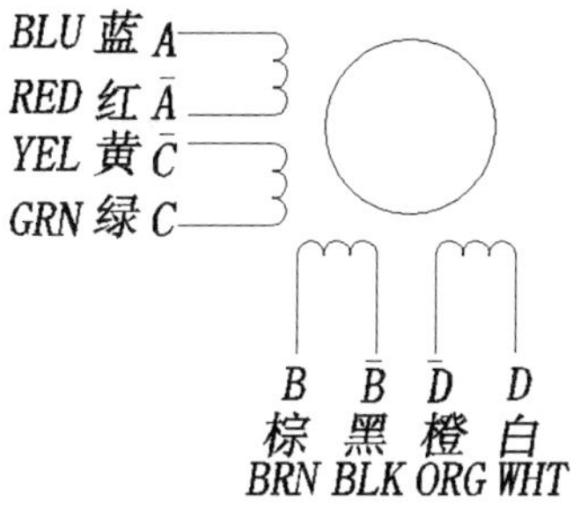

图 4-4　电路图

学生活动：完成系统接线。

三、位置控制向导

（一）建立向导

利用位置控制向导的脉冲输出向导可生成步进电机控制所需的子程序，其操作步骤如图 4-5 至图 4-14 所示。

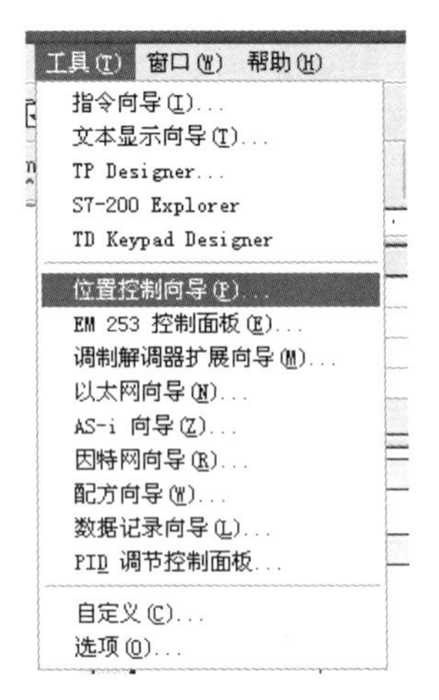

图 4-5 位置控制向导 1

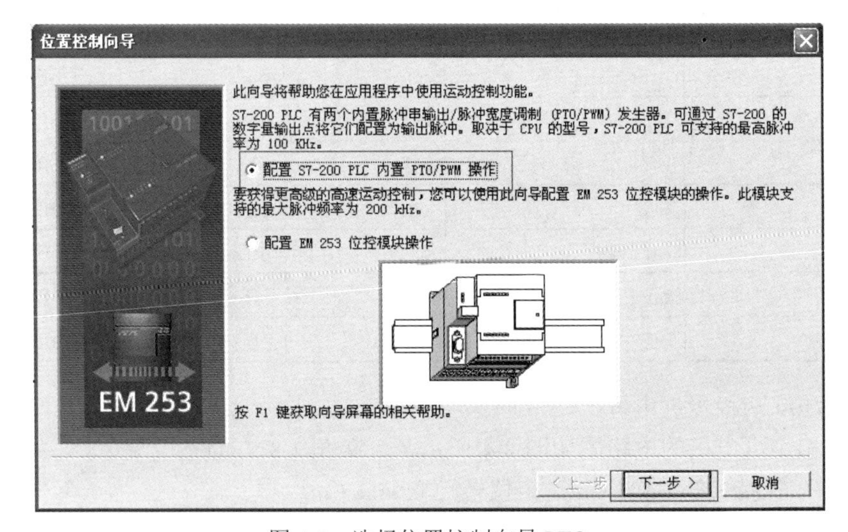

图 4-6 选择位置控制向导 PTO

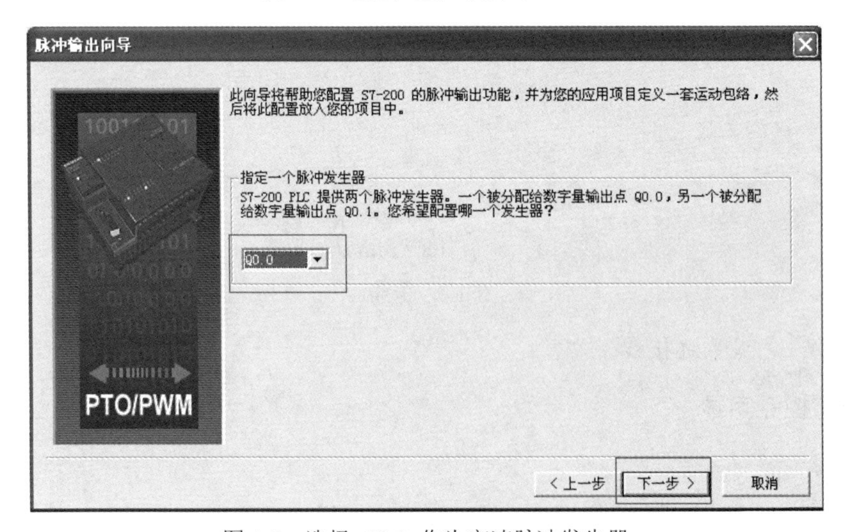

图 4-7 选择 Q0.0 作为高速脉冲发生器

选定高速计数器，选择 PTO 的脉冲形式。

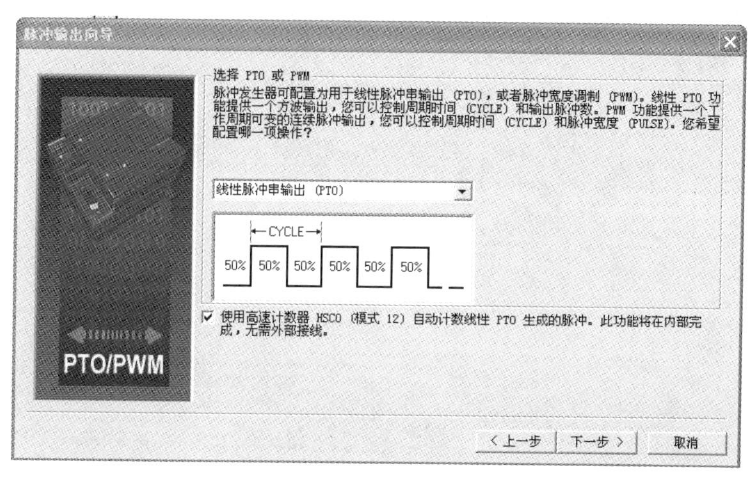

图 4-8　选择脉冲形式 PTO

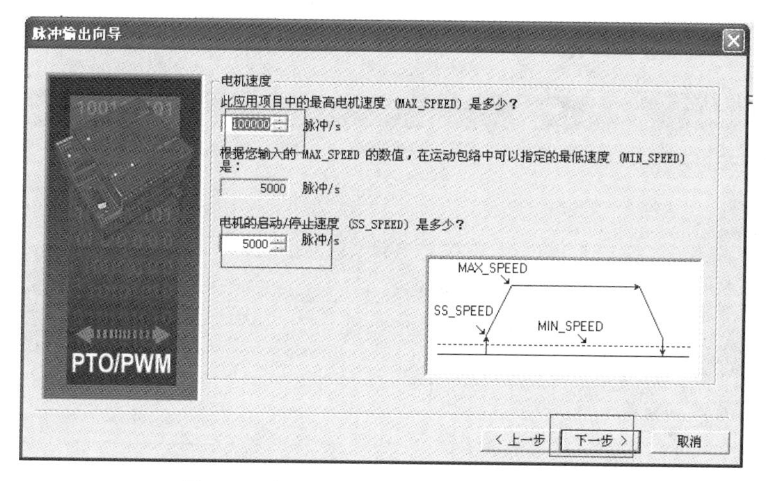

图 4-9　确定电机最高、最低、启停速度

其中启停速度必须大于等于指定的最低速度。

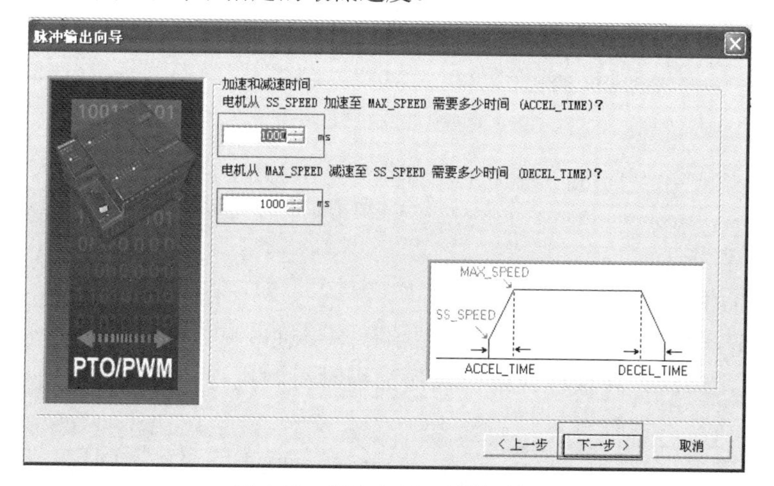

图 4-10　设定加速、减速时间

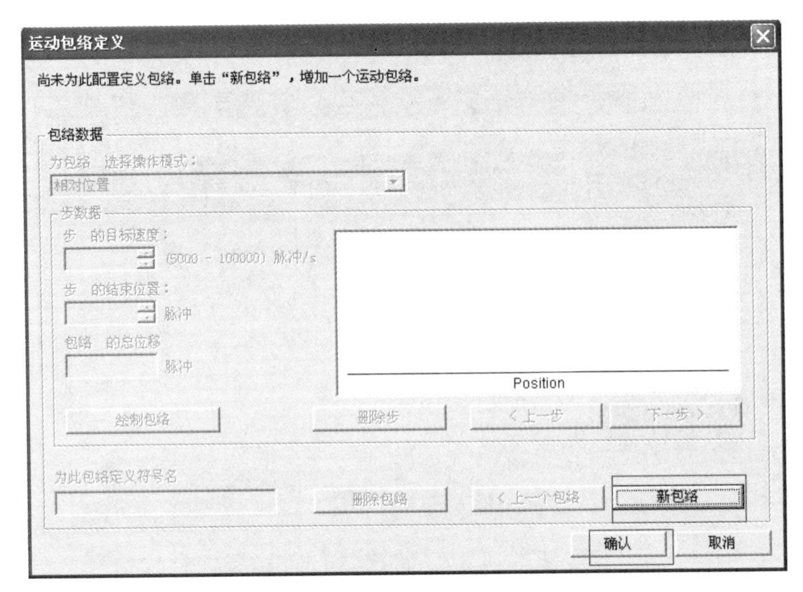

图 4-11　进入运动包络界面

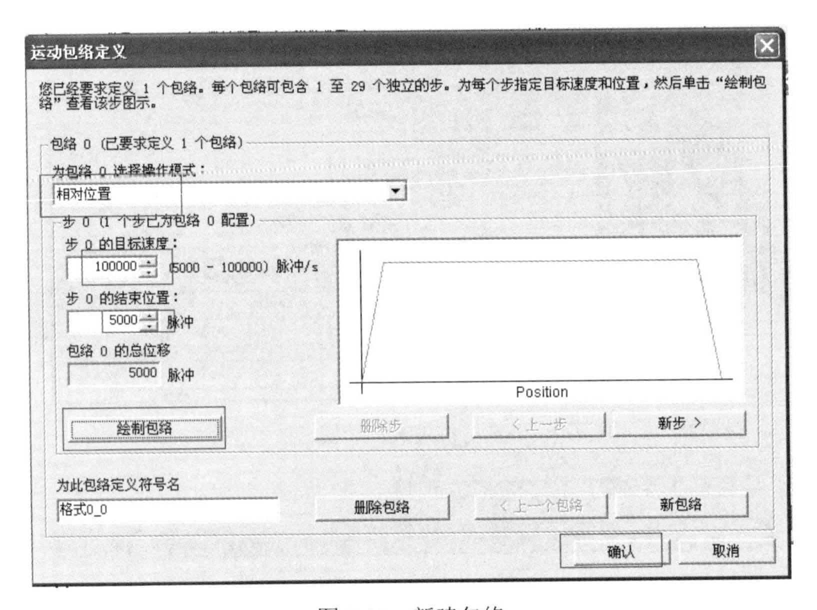

图 4-12　新建包络

本任务的要求是 20000 脉冲后停止，运行频率是 10kHz，请根据要求输入目标速度及结束位置。

（二）子程序介绍

1. PTOx_CTRL 子程序

PTOx_CTRL 子程序（控制）启用和初始化与步进电机或伺服电机合用的 PTO 输出，请在程序中只使用一次，并且请确定在每次扫描时得到执行。请始终使用 SM0.0 作为 EN 的输入。

I_STOP（立即停止）输入是布尔输入。当此输入为低时，PTO 功能会正常工作；当此输入变为高时，PTO 立即终止脉冲的发出。

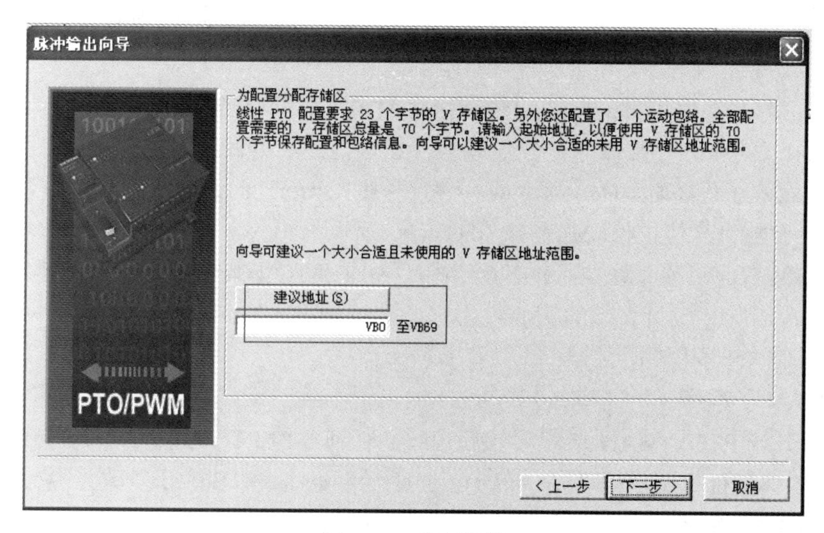

图 4-13　分配地址

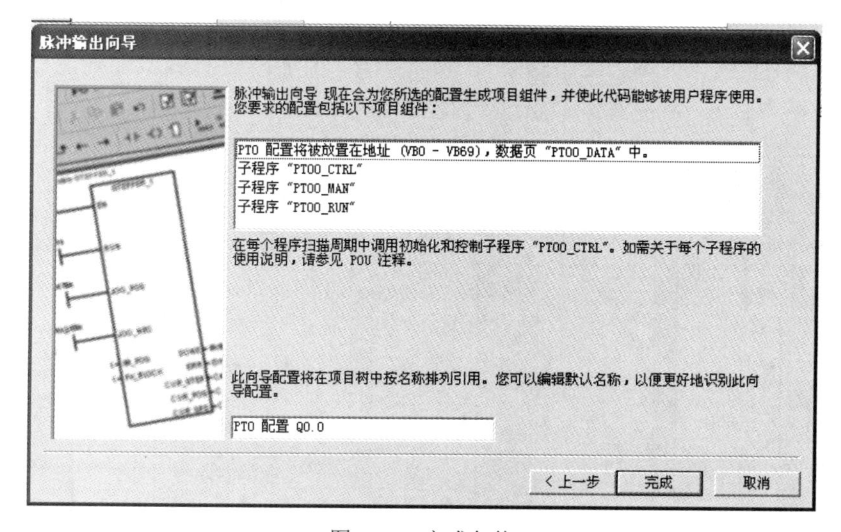

图 4-14　完成包络

D_STOP（减速停止）输入是布尔输入。当此输入为低时，PTO 功能会正常工作；当此输入变为高时，PTO 会产生将电机减速至停止的脉冲串。

完成输出是布尔输出。当完成位被设置为高时，表明上一个指令也已执行；当完成位为高时，即指令已经执行完后，错误字节会报告无错误或有错误的代码。

如果 PTO 向导的 HSC 计数器功能已启用，C_Pos 参数表示的是脉冲数目；否则此数值始终为零。

2．PTOx_RUN 子程序

PTOx_RUN 子程序（运行轮廓）命令 PLC 执行存储于配置/轮廓表的特定轮廓中的运动操作。开启 EN 位会启用此子程序。在控制位发出子程序执行已经完成的信号前，请确定 EN 位保持开启。

开启 START 参数会发起轮廓的执行。对于在 START 参数已开启且 PTO 当前不活动时的每次扫描，此子程序会激活 PTO。为了确保仅发送一个命令，请使用脉冲方式开启 START 参数。

Profile（轮廓）参数包含为此运动轮廓指定的编号或符号名。

开启 Abort（终止）参数命令，位控模块停止当前轮廓并减速至电机停止。

当模块完成本子程序时，Done（完成）参数开启。Error（错误）参数包含本子程序的结果。

C_Profile 参数包含位控模块当前执行的轮廓。

C_Step 参数包含目前正在执行的轮廓步骤。如果 PTO 向导的 HSC 计数器功能已启用，C_Pos 参数包含用脉冲数目表示的模块；否则此数值始终为零。

3．PTOx_MAN 子程序

PTOx_MAN 子程序（手动模式）将 PTO 输出置于手动模式。这允许电机启动、停止按不同的速度运行。当 PTOx_MAN 子程序已启用时，任何其他 PTO 子程序都无法执行。

启用 RUN（运行/停止）参数命令 PTO 加速至指定速度（Speed 参数）。您可以在电机运行中更改 Speed 参数的数值。停用 RUN 参数命令 PTO 减速至电机停止。当 RUN 已启用时，Speed 参数确定速度。速度是一个用每秒脉冲数计算的 DINT（双整数）值。您可以在电机运行中更改此参数。

Error（错误）参数包含本子程序的结果。如果 PTO 向导的 HSC 计数器功能已启用，C_Pos 参数包含用脉冲数目表示的模块；否则此数值始终为零。

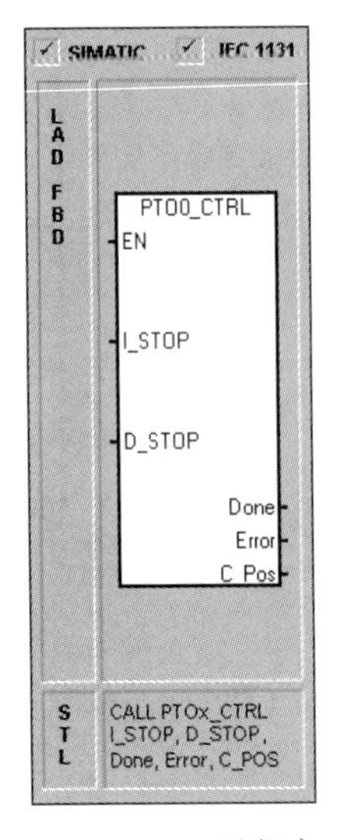

PTO_CTRL 子程序

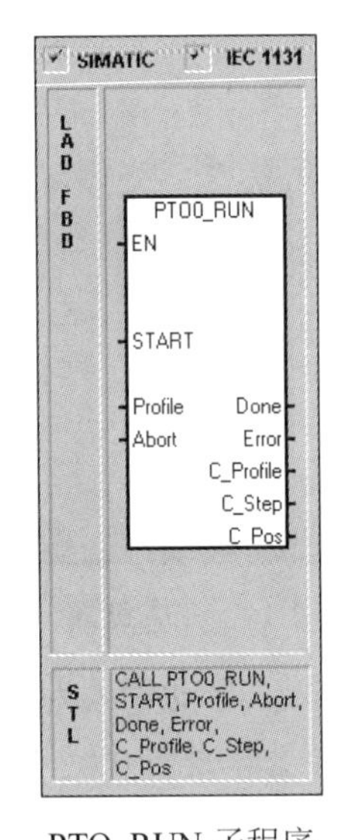

PTO_RUN 子程序

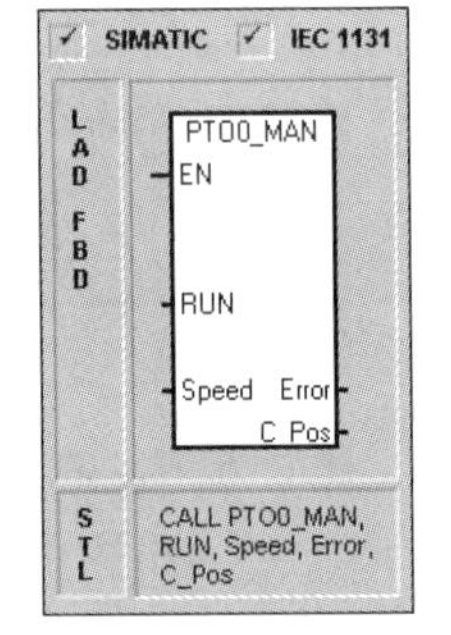

PTO_MAN 子程序

图 4-15　PTO 子程序

四、程序设计

重点：（1）PTO_CTRL 子程序、PTO_RUN 子程序、PTO_MAN 子程序的调用。

（2）正反方向运行控制要求。

（3）手动、自动控制。

程序参考图 4-16。

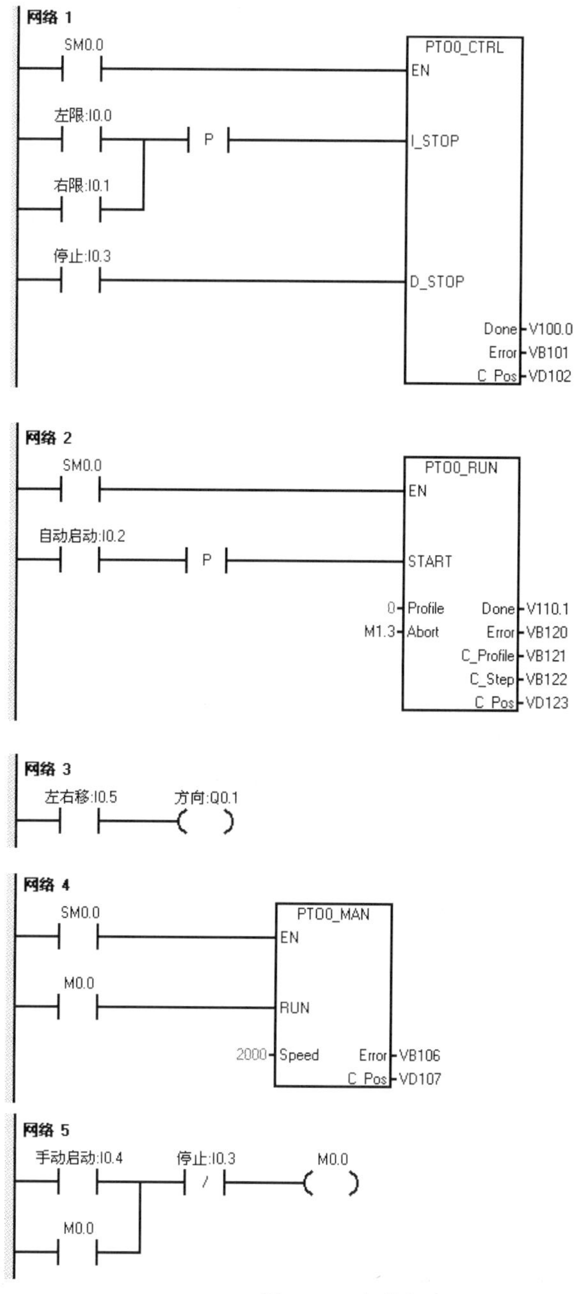

图 4-16　参考程序

学生活动：请通过 PTO0_RUN 的 Abort 位控制完成以下功能：遇到左右限位，步进电机停止工作。

五、调试

学生活动：请根据控制要求重新进行程序设计与调试

按下启动按钮，步进电机带动丝杠系统向右运行 40000 个脉冲，速度为 10000Pul/s；1s 后步进电机带动丝杠系统向左移动，速度为 5000Pul/s，直到按下停止按钮才停止。

【任务评价】

考核项目		考核要求	配分	评分标准	扣分	得分	备注
态度 （20 分）	出勤	不迟到早退，不无故缺勤	10	缺勤 1 学时，扣 0.5 分 迟到早退 1 次，扣 0.5 分 请假 2 学时，扣 0.5 分			
	文明	无违纪现象	5	严重违纪，项目 0 分处理 安全事故，项目 0 分处理 其他情况酌情扣 1~5 分			
	主动性	主动学习，帮助他人	5	不主动，扣 5 分 一般，扣 2 分 尚好，扣 1 分 好，扣 0 分			
技能 （70 分）	安装	正确安装元器件	10	安装不规范，每处扣 2 分			
	配线	动力回路接线 控制回路接线 接线工艺	15	不按图接线，扣 15 分 接错或漏接，每根 2 分 工艺问题，每处扣 1 分			
	位置控制向导	正确设置位置控制向导及调用相关子程序	25	不会，扣 25 分 不熟练，扣 10 分 不能独立完成，扣 5 分			
	调试	能进行软硬件相互调试	20	不会，扣 20 分 不熟练，扣 10 分 不能独立完成，扣 5 分			
表达与研究能力 （10 分）	口头或书面表达	能讲清步进电机工作原理，脉冲个数、频率、方向等概念；步进电机控制器接线方式及细分等概念； 符合行业规范	7	每错 1 处，扣 0.5 分			
	研究能力	有一定自学能力，能进行自主分析与设计	3				
总分	总结： 1．我在这些方面做得很好 2．我在这些方面还需要提高						

拓展：知识链接

（一）步进电机细分

若步进电机的步距角为 1.8 度，步进电机转一圈需要________个脉冲；若步进电机的转速是 300 转/分，即________转/秒，则 PLC 脉冲频率是________Hz。若步进电机选择是 10 细分，即 DIP1 OFF、DIP2 OFF、DIP3 OFF、DIP4 ON，即每来一个脉冲，步进电机转动 0.18 度，步进电机转一圈需要________个脉冲；若步进电机的转速是300转/分，则PLC脉冲频率是________Hz。

（二）脉冲当量

计算工件在传送带上的位置时，需确定每两个脉冲之间的距离，即脉冲当量。若某主动轴的直径为 d=43mm，则减速电机每旋转一周，皮带上工件移动距离 L=π• d=3.14×43=136.35mm。若分辨率为500线，即旋转一周脉冲数为500，故脉冲当量μ为μ=L/500≈0.273mm。

上述脉冲当量的计算只是理论上的推算。实际上各种误差因素不可避免，例如传送带主动轴直径（包括皮带厚度）的测量误差，传送带的安装偏差、张紧度，系统在工作台面上定位偏差等等，都将影响理论计算值。脉冲当量的误差所引起的累积误差会随着工件在传送带上运动距离的增大而迅速增加，甚至达到不可容忍的地步，必须现场测试脉冲当量值。

学生活动：统计不同脉冲下的移动距离，获得平均脉冲当量。

表4-5　脉冲当量

脉冲数	移动距离	脉冲当量
10000		
20000		
25000		
40000		
51000		
平均脉冲当量		

任务2　基于PLS的步进电机控制系统

【学习目标】

一、基本目标

1. 掌握高速脉冲发生器的特点。
2. 会使用PLS指令生成包络。
3. 掌握步进电机控制原理并完成相关接线。

二、提高目标

1. 能通过查找资料解决运行过程中的问题。
2. 能根据任务要求，熟练使用子程序。

【任务描述及准备】

一、任务描述

按下向右启动按钮，步进电机带动丝杠传动系统向右运行 40000 个脉冲，周期为 100μs

即 10000Pul/s，启动和停止周期为 500μs 即 2000Pul/s；若按下向左启动按钮，向左运行 40000 个脉冲；若在运行过程中按下急停或者碰到左右限，则停止运行。

二、所需工具设备

1．57J09 步进电动机，1 台。
2．M542 步进电机驱动器，1 个。
3．CPU224XP（DC/DC/DC）的西门子 PLC，1 台。
4．小型断路器 DZ47-D4，1 只。
5．明纬开关电源 SDR-75-24，1 个。
6．滚珠丝杠传动装置，1 个。
7．按钮，4 个。
8．常用电工工具，1 套。
9．软导线 RV1.0mm^2，1 根。

三、完成任务的步骤

1．设计步进电机控制系统的 PLC 控制回路及 I/O 分配。
2．根据电路图接线。
3．完成 PLS 控制子程序。
4．完成主程序设计。
5．调试。

【任务实施】

一、电路图设计

根据控制要求，步进电机接至步进控制器，控制步进电机相关运行。由 PLC 控制 M542 步进电机驱动器的方向、脉冲数及脉冲频率。PLC 的输入设有向左启动，向右启动，停止，左、右限位；PLC 的输出设有脉冲控制、方向控制。请根据任务要求，完成 PLC 的 I/O 分配及电路图。

学生活动：设计 I/O 分配及电路图，参考表 4-6。

表 4-6 I/O 分配

	功能	地址
输入 I	左限位	I0.0
	右限位	I0.1
	向左启动按钮	I0.2
	停止按钮	I0.3
	向右启动按钮	I0.4
输出 Q	脉冲	Q0.0
	方向	Q0.1

根据控制要求，请完成电路图设计。

二、电路接线

学生活动：完成电路接线，并检查连线是否正确

三、程序设计

（一）PTO 和 PWM

S7-200 共有两个 PTO/PWM 发生器，可以产生一个高速脉冲串或一个脉冲调制波形——Q0.0 和 Q0.1，见表 4-7。

表 4-7　PTO / PWM 高速输出寄存器

	Q0.0	Q0.1	说明
Q0.0 和 Q0.1 的状态位	SM66.4	SM76.4	PTO 包络由于增量计算错误异常终止（0：无错；1：异常终止）
	SM66.5	SM76.5	PTO 包络由于用户命令异常终止（0：无错；1：异常终止）
	SM66.6	SM76.6	PTO 流水线溢出（0：无溢出；1：溢出）
	SM66.7	SM76.7	PTO 空闲（0：运行中；1：PTO 空闲）
Q0.0 和 Q0.1 对 PTO/PWM 输出的控制字节	SM67.0	SM77.0	PTO/PWM 刷新周期值（0：不刷新；1：刷新）
	SM67.1	SM77.1	PWM 刷新脉冲宽度值（0：不刷新；1：刷新）
	SM67.2	SM77.2	PTO 刷新脉冲计数值（0：不刷新；1：刷新）
	SM67.3	SM77.3	PTO/PWM 时基选择（0：1μs；1：1ms）
	SM67.4	SM77.4	PWM 更新方法（0：异步更新；1：同步更新）
	SM67.5	SM77.5	PTO 操作（0：单段操作；1：多段操作）
	SM67.6	SM77.6	PTO/PWM 模式选择(0:选择 PTO;1:选择 PWM)
	SM67.7	SM77.7	PTO/PWM 允许（0：禁止；1：允许）
Q0.0 和 Q0.1 对 PTO/PWM 输出的周期值	SMW68	SMW78	PTO/PWM 周期时间值（范围：2～65535）
Q0.0 和 Q0.1 对 PTO/PWM 输出的脉宽值	SMW70	SMW80	PWM 脉冲宽度值（范围：0～65535）
Q0.0 和 Q0.1 对 PTO 脉冲输出的计算值	SMD72	SMD82	PTO 脉冲计数值（范围：1～4294967295）
Q0.0 和 Q0.1 对 PTO 脉冲输出的多段操作	SMB166	SMB176	段号（仅用于多段 PTO 操作），多段流水线 PTO 当前运行中的段的编号，见表 4-8
	SMW168	SMW178	包络表起始位置，用距离 V0 的字节偏移量表示（仅用于多段 PTO 操作）

PTO 提供方波（50%占空比）输出。PTO 可提供单脉冲串或多脉冲串（使用脉冲轮廓）。可指定脉冲数和周期（以 μs 或 ms 递增），周期范围从 10μs 至 65535μs 或从 2ms 至 65535ms，脉冲计数范围从 1 至 4294967295 次脉冲。

PWM 提供连续性变量占空比输出。PWM 功能提供带变量占空比的固定周期输出，可以微秒或毫秒为时间基准指定周期和脉宽。周期的范围从 10μs 至 65535μs，或从 2ms 至 65535ms。脉宽时间范围从 0μs 至 65535μs 或从 0ms 至 65535ms。

（二）SMB66～SMB85

SMB66 至 SMB85 用于监控 PLC（脉冲）指令的脉冲链输出和脉冲宽度调制功能。

若设为多段速，通过 SMW168 赋值包络表的初始位置，例如(SMW168)=200，包络的初始位置为 200，即 VB200，接下来可通过对相关寄存器赋值构建包络，相关存储器设置见表 4-8。

表 4-8　多段的存储器地址

V 变量存储器地址	段号	参考值	说明
VB200	—	3	段数，1～255，为 0 时产生致命错误
VW201	段 1	500μs	初始周期（取值范围：2～65 536）
VW203		-2μs	每个脉冲的周期增量（-32 768～32 767）
VD205		200	脉冲数（1～4 294 967 259）
VW209	段 2	100μs	初始周期
VW211		0	每个脉冲的周期增量
VD213		3 600	脉冲数
VW217	段 3	100μs	初始周期
VW219		2μs	每个脉冲的周期增量
VD221		200	脉冲数

（三）PLS 指令

脉冲输出（PLS）指令被用于控制在高速输入（Q0.0 和 Q0.1）中提供的“脉冲串输出”（PTO）和“脉宽调制”（PWM）功能，见图 4-17。

Q0.X：脉冲输出范围，为 0 时 Q0.0 输出，为 1 时 Q0.1 输出。

数据类型：WORD

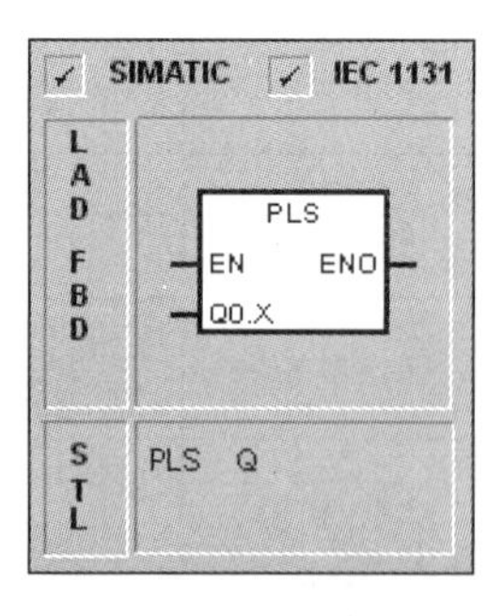

图 4-17　PLS 指令

（四）参考程序

子程序分为利用 PLS 完成 40000 个脉冲的子程序（SBR_0）及停止子程序（SBR_1）。SBR_0

主要完成启动、停止（周期为 500μs）、运行（周期为 100μs）三段的设定。SBR_1 主要通过 PLS 禁止脉冲输出。

1．SBR_0 设计如图 4-18 所示。

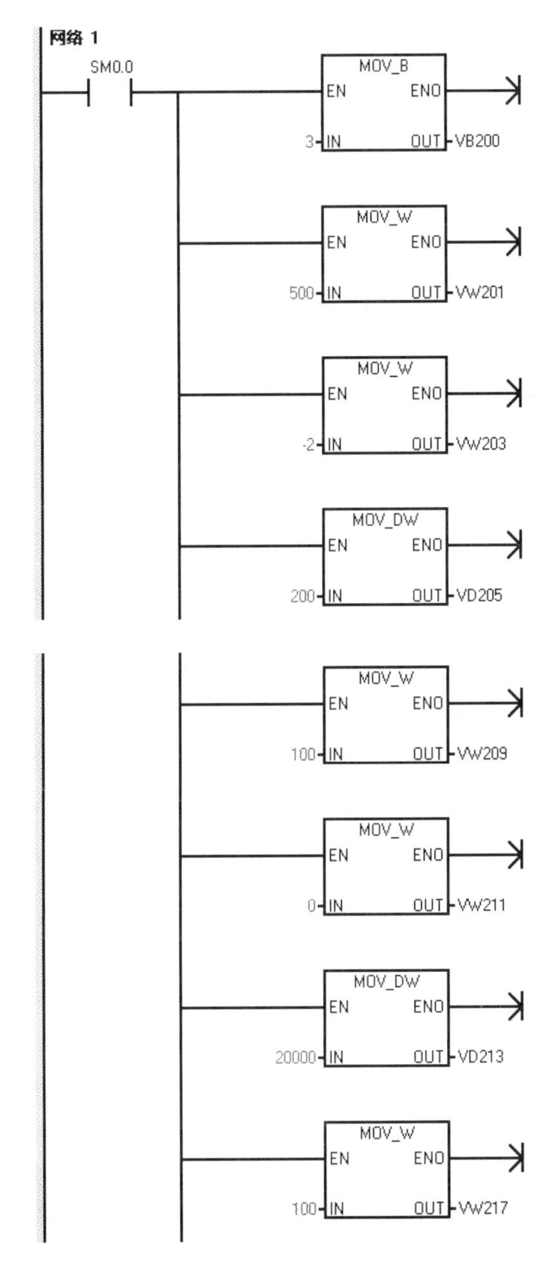

图 4-18　子程序

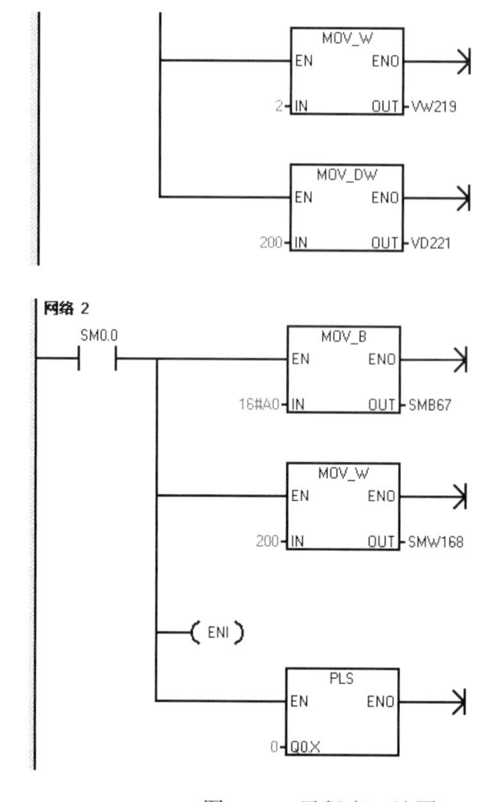

图 4-18　子程序（续图）

学生活动：SMB67=16#A0，SMB168=200 代表什么意思？分析这段子程序作用。

2．SBR_1 设计如图 4-19 所示。

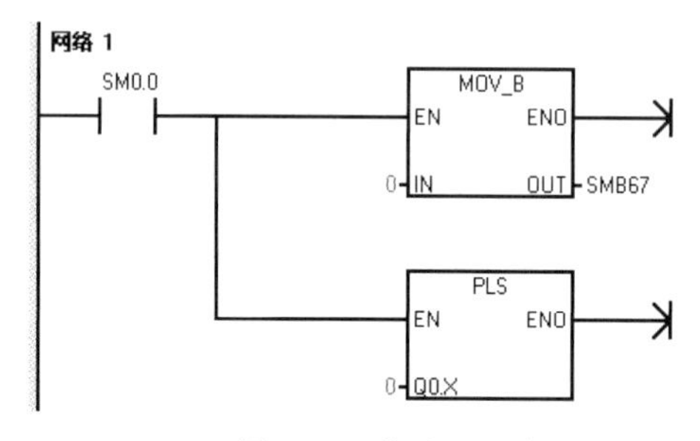

图 4-19　停止子程序

3．主程序设计如图 4-20 所示。

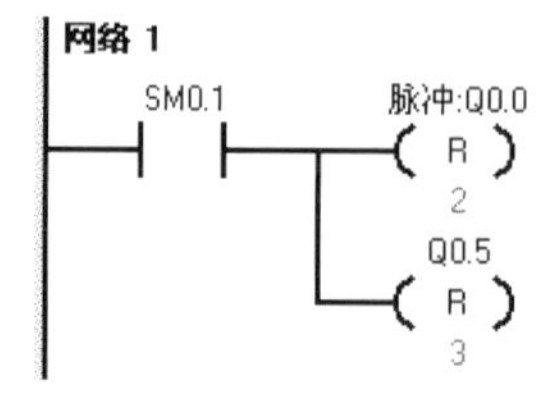

图 4-20　主程序

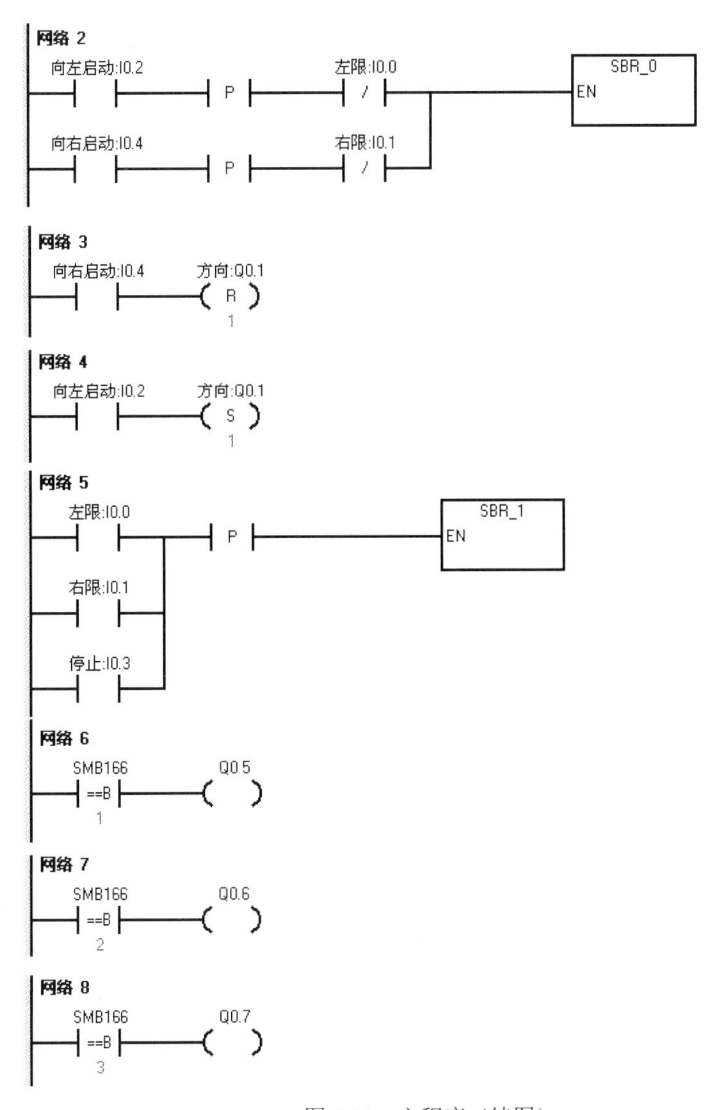

图 4-20　主程序（续图）

四、程序调试

学生活动：完成调试。

【任务评价】

考核项目		考核要求	配分	评分标准	扣分	得分	备注
态度（20 分）	出勤	不迟到早退，不无故缺勤	10	缺勤 1 学时，扣 0.5 分 迟到早退 1 次，扣 0.5 分 请假 2 学时，扣 0.5 分			
	文明	无违纪现象	5	严重违纪，项目 0 分处理 安全事故，项目 0 分处理 其他情况酌情扣 1～5 分			

续表

考核项目		考核要求	配分	评分标准	扣分	得分	备注
	主动性	主动学习，帮助他人	5	不主动，扣 5 分 一般，扣 2 分 尚好，扣 1 分 好，扣 0 分			
技能 （70 分）	安装	正确安装元器件	10	安装不规范，每处扣 2 分。			
	配线	动力回路接线 控制回路接线 接线工艺	15	不按图接线，扣 15 分 接错或漏接，每根 2 分 工艺问题，每处扣 1 分			
	PLS 子程序	正确编写 PLS 子程序及调试	20	不会，扣 20 分 不熟练，扣 10 分 不能独立完成，扣 5 分			
	调试	能进行软硬件相互调试	25	不会，扣 25 分 不熟练，扣 10 分 不能独立完成，扣 5 分			
表达与研究能力 （10 分）	口头或书面表达	能讲清步进电机工作原理，脉冲个数、频率、方向等概念；PLS 相关寄存器； 符合行业规范	7	每错 1 处，扣 0.5 分			
	研究能力	有一定自学能力，能进行自主分析与设计	3				
总分	总结： 1．我在这些方面做得很好 2．我在这些方面还需要提高						

任务 3　基于步进电机控制的滚珠丝杠传动系统设计

【学习目标】

1．了解步进电机的工作原理、接线。
2．熟悉 PLS 指令。
3．熟悉位置控制向导，能完成子程序的调用。
4．熟悉触摸屏界面设计，能根据需要设定报警等界面。

【任务描述及准备】

一、任务描述

在触摸屏上设定好滚珠丝杠传动系统的移动距离及速度，以及系统移动方向，按下启动按钮，系统以设定好的速度移动相应位置，分毫不差。若在移动过程中碰到左右限，系统停止运行，并在触摸屏上出现相应的报警信息。

二、所需工具设备

1．57J09 步进电动机，1 台。
2．M542 步进电机驱动器，1 个。
3．CPU224XP（DC/DC/DC）的西门子 PLC，1 台。
4．小型断路器 DZ47-D4，1 只。
5．明纬开关电源 SDR-75-24，1 个。
6．按钮，4 个。
7．滚珠丝杠实验台，1 台。
8．TP177B color PN/DP，触摸屏。
9．常用电工工具，1 套。
10．软导线 RV1.0mm^2，1 根。

三、完成任务的步骤

1．设计步进电机控制的 PLC 控制回路设计。
2．根据电路图接线。
3．编写程序。
4．触摸屏界面设计。
5．调试。

【任务实施】

一、电路图设计

根据控制要求，步进电机接至步进控制器，控制步进电机相关运行。由 PLC 控制 M542 步进电机驱动器的方向、脉冲数及脉冲频率。PLC 的输入设有向左启动，向右启动，停止，左、右限位；PLC 的输出设有脉冲控制、方向控制。请根据任务要求，完成 PLC 的 I/O 分配及电路图。

学生活动：设计 I/O 分配及电路图，参考表 4-9。

表 4-9　I/O 分配

	地址	功能
输入 I	I0.1	左限位
	I0.2	右限位
	I0.3	左启动按钮
	I0.5	停止按钮
	I0.4	右启动按钮
输出 Q	Q0.0	脉冲
	Q0.1	方向

根据控制要求，请完成电路图设计。

二、电路接线

学生活动：完成电路接线，并检查连线是否正确。

三、触摸屏界面设计

（一）变量

设置了左右移动按钮及移动距离、速度等变量，根据控制要求设置了事故信息状态。变量设置参考如表 4-10。

表 4-10　变量

地址	功能
M10.0	左移按钮
M10.1	右移按钮
VD12	距离
VW10	速度
VW16	事故信息

（二）界面设置（见图 4-21）

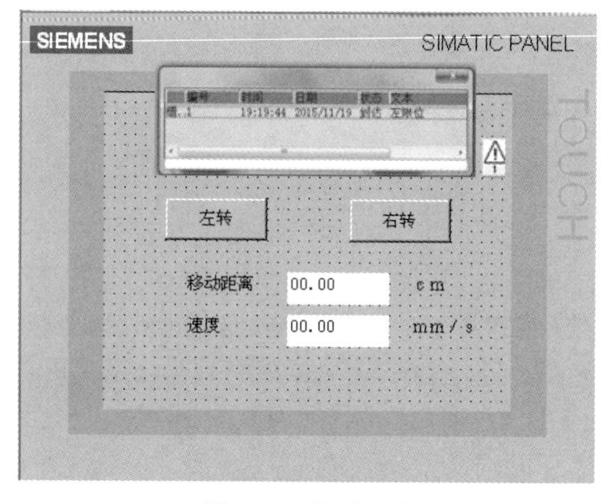

图 4-21　界面设置

（三）移动距离计算方法

为了准确定位，移动距离精确到小数点后两位如何处理？

根据任务 1，大家可获得相关设备的脉冲当量。本装置的脉冲当量为 0.0001cm，即工件移动 1cm，需要 10000 个脉冲。移动距离存于 VD12 中，在触摸屏中可设置为 999.99 形式，即精确到小数点后两位。“.”仅是一个符号而已，在操作过程中，相当于把移动的距离扩大了 100 倍。根据脉冲当量，移动 1cm，需要 10000 个脉冲，移动距离扩大 100 倍后，脉冲数即缩小 100 倍即可，用来存储脉冲个数的 VD120 与 VD12 的关系是____________。

同理将速度存于 VW10 中，在触摸屏中可设置为 999.99 形式，即精确到小数点后两位，相当于把速度扩大了 100 倍，同时单位为 mm/s，若改为 cm/s，则扩大了 1000 倍，本装置工件移动 1cm，需要 10000 个脉冲。在此速度下，每秒脉冲数为 VW10×10000，由于扩大了 1000 倍，则需要缩小 1000 倍，则频率为__________Plu/s，周期为___10^5/VW10____μs。

我们仍然设定为三段运行，起始地址为 VB200，即 SMB67=16#A0，SMB168=200。

则周期 VW209=______________；脉冲个数 VD213=____________。

学生活动：

（1）完成报警界面设计。

（2）下载触摸屏程序至触摸屏上。

四、程序设计

主程序设计如图 4-22 所示。

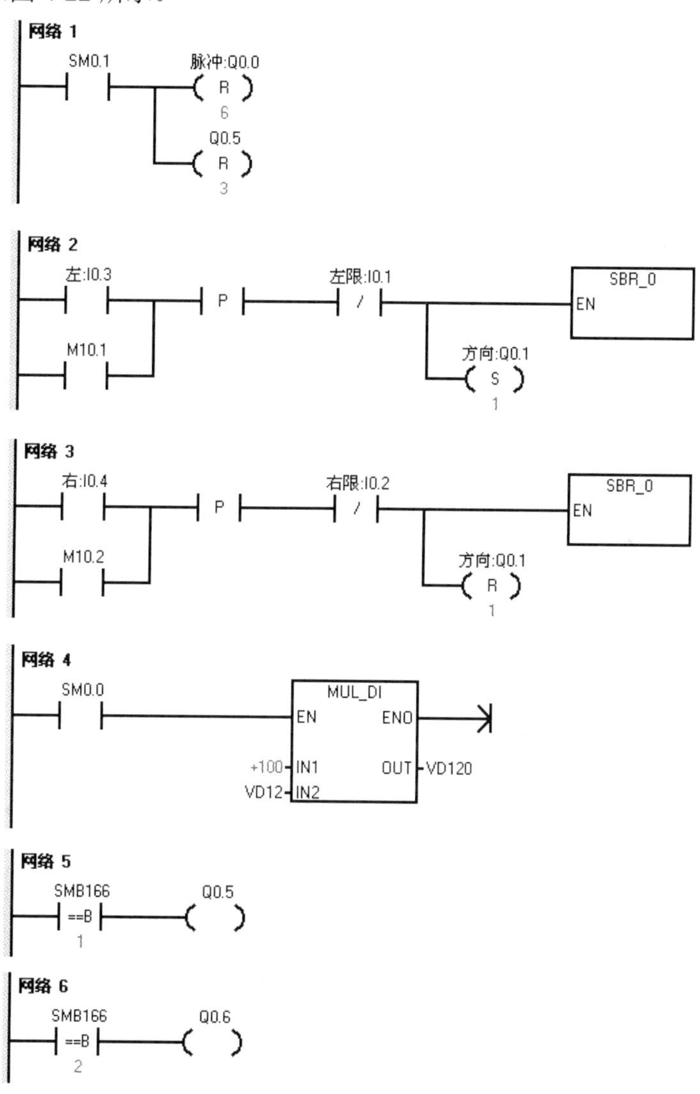

图 4-22　主程序

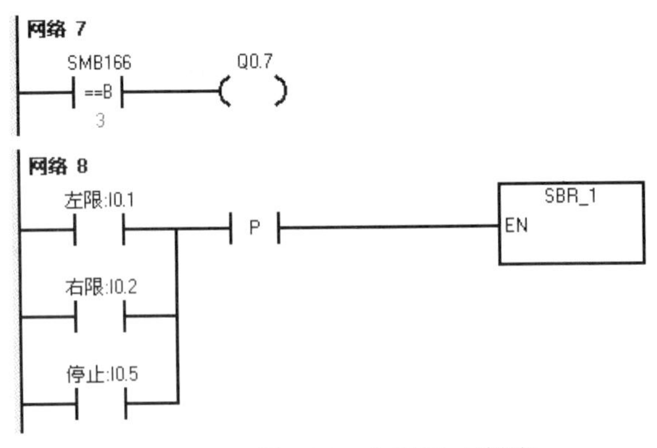

图 4-22 主程序（续图）

学生活动：

（1）完成 PLS 运行子程序。

（2）完成停止子程序。

五、调试

学生活动：完成调试。

【任务评价】

考核项目		考核要求	配分	评分标准	扣分	得分	备注
态度（20 分）	出勤	不迟到早退，不无故缺勤	10	缺勤 1 学时，扣 0.5 分 迟到早退 1 次，扣 0.5 分 请假 2 学时，扣 0.5 分			
	文明	无违纪现象	5	严重违纪，项目 0 分处理 安全事故，项目 0 分处理 其他情况酌情扣 1～5 分			
	主动性	主动学习，帮助他人	5	不主动，扣 5 分 一般，扣 2 分 尚好，扣 1 分 好，扣 0 分			
技能（70 分）	安装	正确安装元器件	10	安装不规范，每处扣 2 分			
	配线	动力回路接线 控制回路接线 接线工艺	10	不按图接线，扣 10 分 接错或漏接，每根 2 分 工艺问题，每处扣 1 分			
	PLS 子程序及触摸屏界面设计	正确编写 PLS 子程序及调试触摸屏界面	30	不会，扣 30 分 不熟练，扣 10 分 不能独立完成，扣 5 分			
	调试	能进行软硬件相互调试	20	不会，扣 20 分 不熟练，扣 10 分 不能独立完成，扣 5 分			

续表

考核项目		考核要求	配分	评分标准	扣分	得分	备注
表达与研究能力（10分）	口头或书面表达	能设计PLS子程序，并能阐述清楚触摸屏上精确到小数点后2位的算法；能阐述报警界面设计的思路	7	每错1处，扣0.5分			
	研究能力	有一定自学能力，能进行自主分析与设计	3				
总分	总结： 1．我在这些方面做得很好 2．我在这些方面还需要提高						

【思考与练习题】

1．一台步进电机，每200个脉冲旋转一圈，我们需要它在按下I0.0后旋转20圈，速度为1圈/秒。

2．编程实现脉宽调制PWM的程序。要求从PLC的Q0.0输出高速脉冲，脉宽的初始值为0.5s，周期为5s，当脉宽达到设定的4.5s时，脉宽改为每周期递减0.5s，直到脉宽减为0，以上过程重复执行。

项目五 基于伺服电机控制的传动系统设计

伺服具有位置控制、速度控制、转矩控制三种基本模式，而且能够在位置控制和速度控制、转矩控制之间切换运行。因此它适用于以加工机床和一般加工设备的高精度定位和平稳速度控制为主的各种领域。

任务1 伺服控制系统小试——伺服电机控制的蜗轮蜗杆传动系统

【学习目标】

一、基本目标

1．掌握伺服电机特性。
2．了解伺服控制器的接线、工作原理。
3．会设置伺服控制器参数。
4．能编写伺服电机运行程序。

二、提高目标

1．能进行零漂、加减速、速度增益和输入增益的调整，控制零速钳位端口，了解它的作用。
2．能通过编码器做闭环反馈实现位置控制并通过人机界面进行位置和速度的显示。

【任务描述及准备】

一、任务描述

伺服电机用于位置控制。按下启动按钮，若为正转状态，伺服电机带动转盘顺时针旋转设定的角度后停止运行；若为反转状态，伺服电机带动转盘逆时针旋转设定的角度后停止运行。若按下停止按键，转盘立即停止运行。

二、所需工具设备

1．HF-KN23J-S100 伺服电机，1 台。
2．MR-JE-20A 三菱伺服驱动器，1 个。
3．NMRV025 蜗轮蜗杆减速机（减速比 1:30）、有刻度转盘，1 套。
4．CPU224XP（DC/DC/DC）的西门子 PLC，1 台。

5．小型断路器 DZ47-D4，1 只。
6．明纬开关电源 SDR-75-24，1 个。
7．按钮，4 只。
8．常用电工工具，1 套。
9．软导线 RV1.0mm^2，1 根。

三、完成任务的步骤

1．设计伺服电机控制系统的 PLC 控制回路及 I/O 分配。
2．伺服驱动器、PLC 控制回路接线。
3．完成伺服驱动器参数设置。
4．完成程序设计。
5．调试。

【任务实施】

一、电路图设计

根据控制要求，伺服电机接至伺服控制器，控制伺服电机相关运行。本次任务主要通过伺服控制器进行位置控制。由 PLC 控制 MR-JE-20A 伺服电机驱动器的方向、脉冲数及脉冲频率。PLC 的输入设有启动、正反转切换、停止；PLC 的输出设有脉冲控制、方向控制。请根据任务要求，完成 PLC 的 I/O 分配及电路图。参考表 5-1。

表 5-1　I/O 分配

	地址	功能
输入 I	I0.0	编码器输入
	I0.3	启动按钮
	I0.4	转向开关
	I0.5	停止按钮
输出 Q	Q0.0	脉冲
	Q0.1	方向

PLC 控制的电路图参考图 5-1，特别是 MR-JE-20A 伺服电机驱动器的接线，由于是位置控制，所以通过 PLC 高速脉冲发生器发出脉冲控制伺服驱动器，通过编码器可实现位置控制反馈。

学生活动：在参考基础上完成电路图设计。

二、电路接线

根据设计的电路，完成接线。图 5-2 是蜗轮蜗杆传动控制系统，由伺服电机控制器、NMRV025 蜗轮蜗杆减速机、伺服电机、编码器等组成。

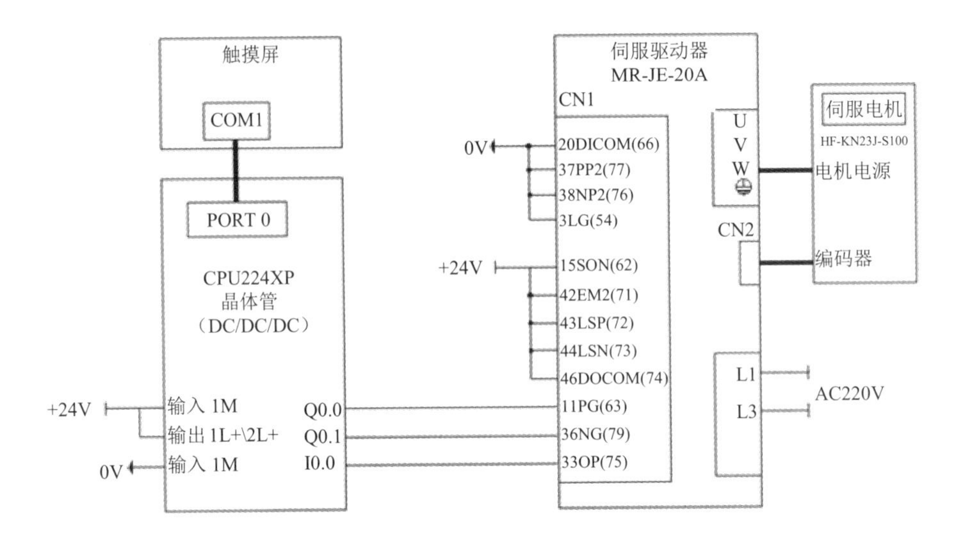

图 5-1　电路图

图 5-2　蜗轮蜗杆控制系统

以下介绍伺服电机及伺服电机启动器。

（一）伺服电机

一般伺服电机都有三种控制方式：速度控制方式、转矩控制方式、位置控制方式。如果对电机的速度、位置都没有要求，只要输出一个恒转矩，当然是用转矩控制方式。如果对位置和速度有一定的精度要求，而对实时转矩不是很关心，用转矩控制方式不太方便，改用速度或位置控制方式比较好。如果上位控制器有比较好的闭环控制功能，用速度控制效果会好一点。如果本身要求不是很高，或者基本没有实时性的要求，对上位控制器也没有很高的要求时，则用位置控制方式。

就伺服驱动器的响应速度来看，转矩控制方式运算量最小，驱动器对控制信号的响应最快；位置控制方式运算量最大，驱动器对控制信号的响应最慢。对运动中的动态性能有比较高的要求时，需要实时对电机进行调整。那么如果控制器本身的运算速度很慢（比如 PLC 或低端运动控制器），就用位置控制方式。如果控制器运算速度比较快，可以用速度控制方式，把位置环从驱动器移到控制器上，减少驱动器的工作量，提高效率（比如大部分中高端运动控制器）。如果有更好的上位控制器，还可以用转矩控制方式，把速度环也从驱动器上移开，这一般只适用高端专用控制器，而且这时完全不需要使用伺服电机。

1．转矩控制：转矩控制方式是通过外部模拟量的输入或直接的地址赋值来设定电机轴对外输出转矩的大小，具体表现为：例如 10V 对应 5N • m 的话，当外部模拟量设定为 5V 时电机轴输出为 2.5N • m：如果电机轴负载低于 2.5N • m 时电机正转，外部负载等于 2.5N • m 时电机不转，大于 2.5N • m 时电机反转（通常在有重力负载情况下产生）。可以通过即时改变模拟量的设定来改变设定的力矩大小，也可通过通讯方式改变对应的地址数值来实现。主要应用在对材质的受力有严格要求的缠绕和放卷的装置中，例如绕线装置或拉光纤设备，转矩的设定要根据缠绕半径的变化随时更改以确保材质的受力不会随着缠绕半径的变化而改变。

2．位置控制：位置控制模式一般是通过外部输入脉冲的频率来确定转动速度的大小，通过脉冲的个数来确定转动的角度，也有些伺服可以通过通讯方式直接对速度和位移进行赋值，如图 5-3 所示。由于位置控制方式对速度和位置都有很严格的控制，所以一般应用于定位装置。应用领域如数控机床、印刷机械等等。

3．速度控制：通过模拟量的输入或脉冲的频率都可以进行转动速度的控制，如图 5-4 所示。在有上位控制装置的外环 PID 控制时，速度控制方式也可以进行定位，但必须把电机的位置信号或直接负载的位置信号给上位反馈以做运算用。位置控制方式也支持直接负载外环检测位置信号，此时的电机轴端的编码器只检测电机转速，位置信号就由直接的最终负载端的检测装置来提供了，优点在于可以减少中间传动过程中的误差，增加了整个系统的定位精度。

本系统采用的是 HF-KN23J-S100 伺服电机，额定功率：200W，额定转矩：0.64N • m，额定转速：3000r/min，额定电流：1.6A。

（二）MR-JE-20A 三菱伺服驱动器

伺服系统内部结构如图 5-5 所示。

学生活动：完成系统接线。

三、伺服控制器参数设置

将伺服 PA13 设置为 0311（外部脉冲+方向控制），电子齿轮采用默认设置时伺服电机为 10000 脉冲/转，PA05 改变为 10000 脉冲/转，数值越大，转速越慢；PA21 为 1001，一周脉冲有效，PA19 为 00AA 访问级。PD01=0C04，自动开启 SON\LSP\LSN，PD01 不设置，按接线图短接 SON\LSP\LSN 也可以。

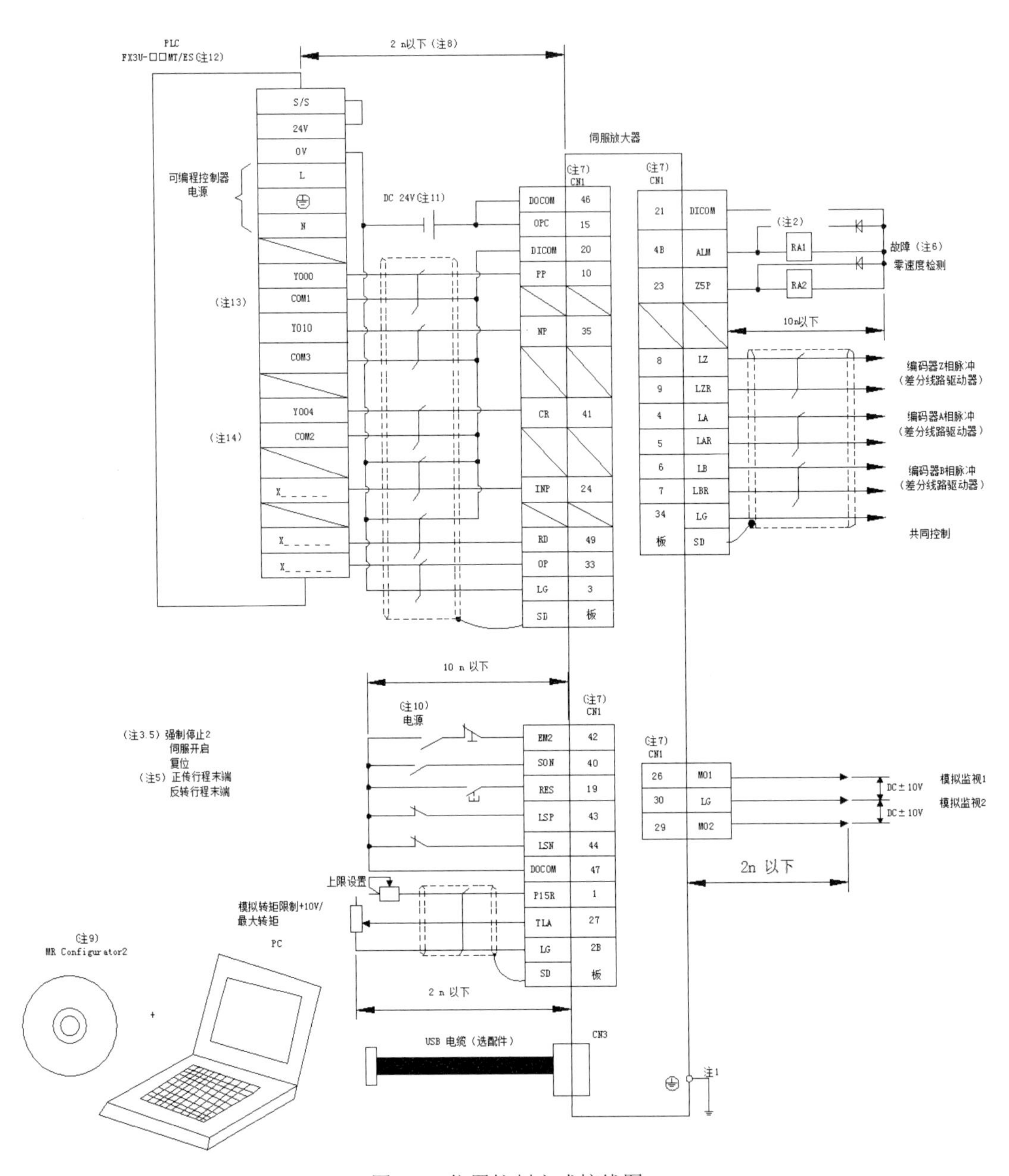

图 5-3 位置控制方式接线图

其参数设置如下：

PA13=0311；

PA05=10000；

PA21=1001；

PA19=00AA；

PD10=0C04。

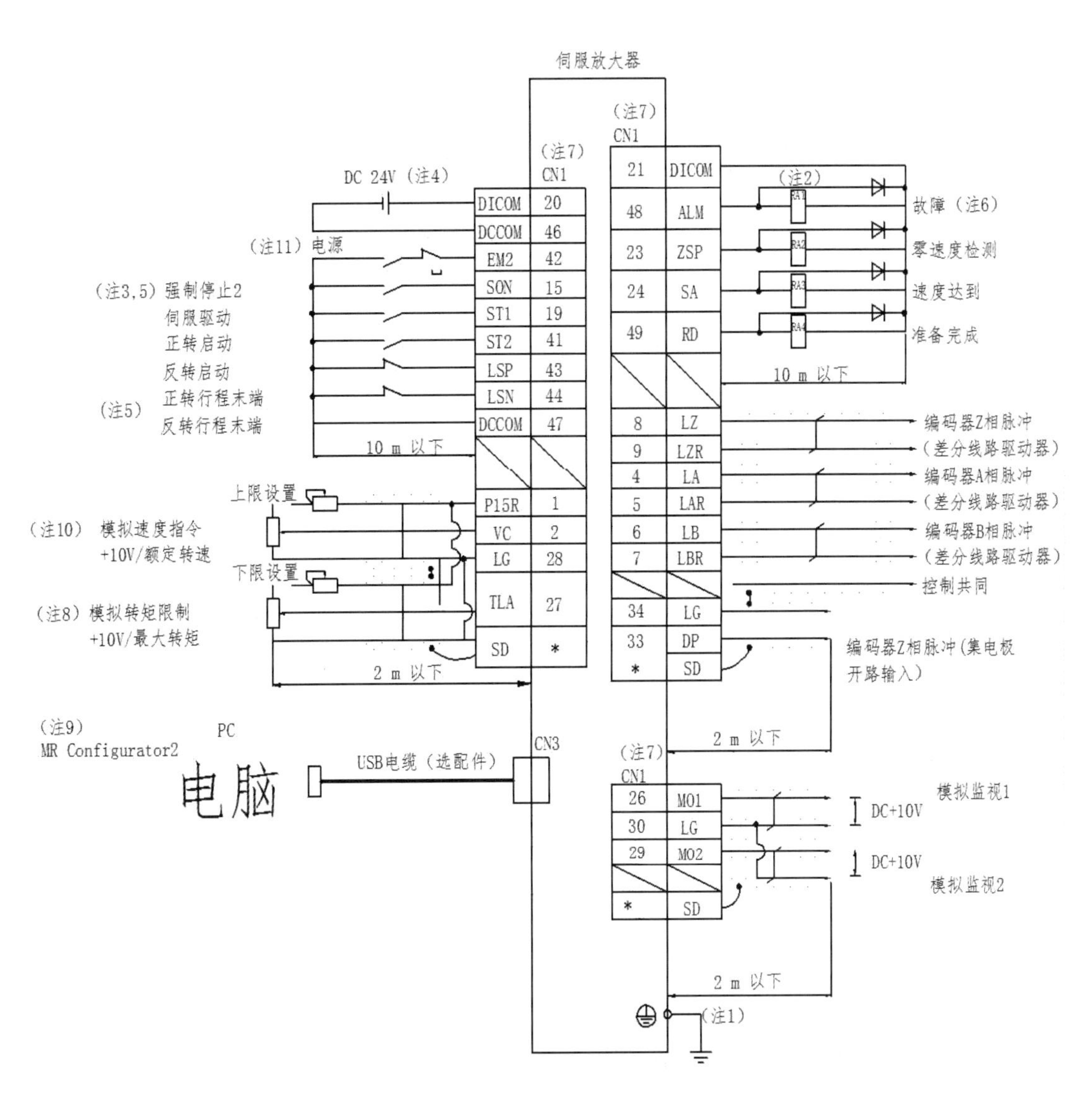

图 5-4　速度控制方式接线图

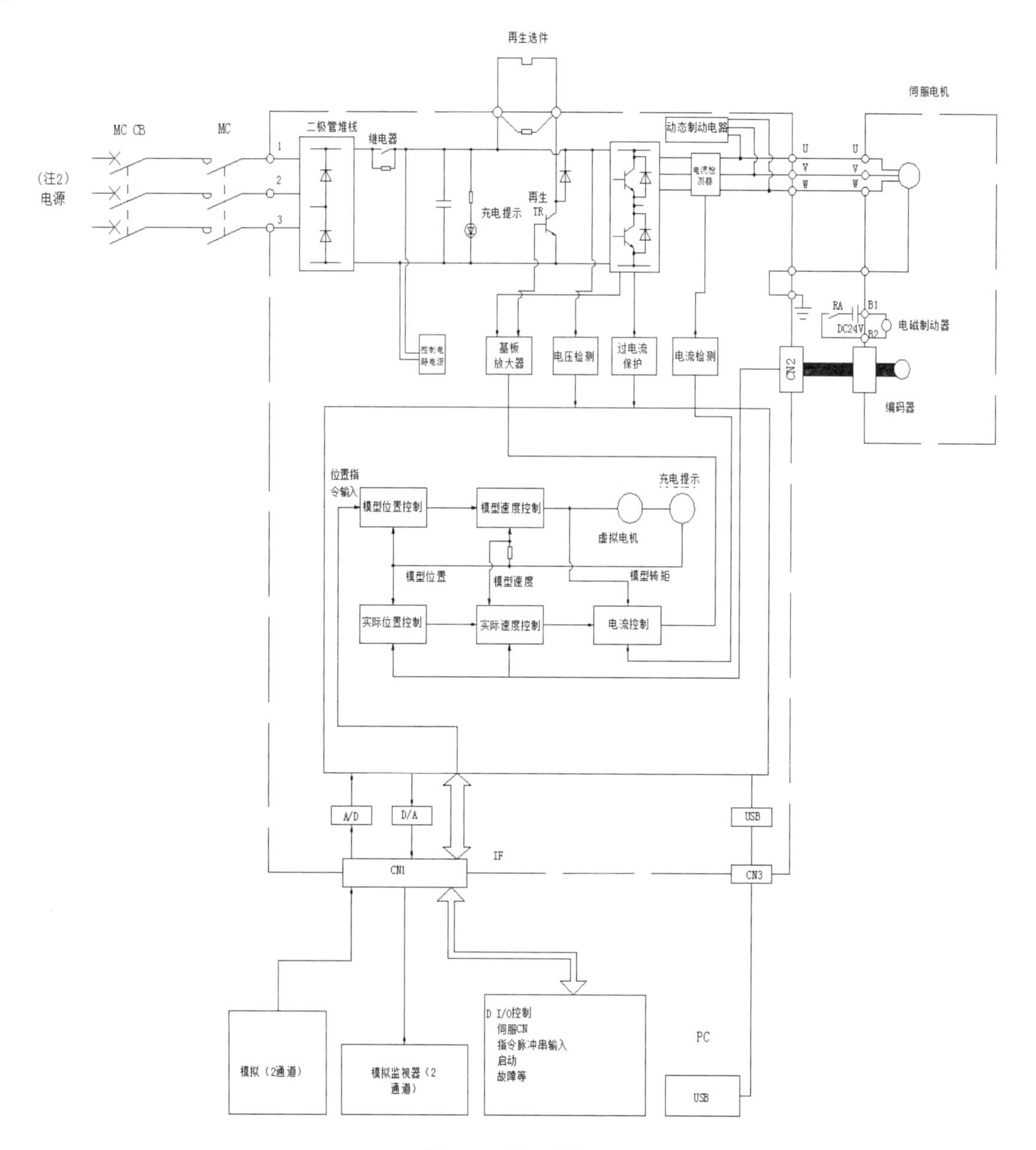

图 5-5　内部结构图

四、程序设计

主程序设计主要控制伺服电机带动转盘旋转设定的角度后停止运行。伺服控制器采用的是位置控制方式，主要控制脉冲个数、速度、转向，如图 5-4 所示。通过位置控制向导完成脉冲个数及速度的设定，生成 PTO_CTRL、PTO_RUN 子程序。

子程序完成对 HSC0 的初始化，通过编码器统计电机旋转数，起到闭环监控的效果。可通过 HC0 监控脉冲个数。

1．主程序（见图 5-6）

2．子程序（见图 5-7）

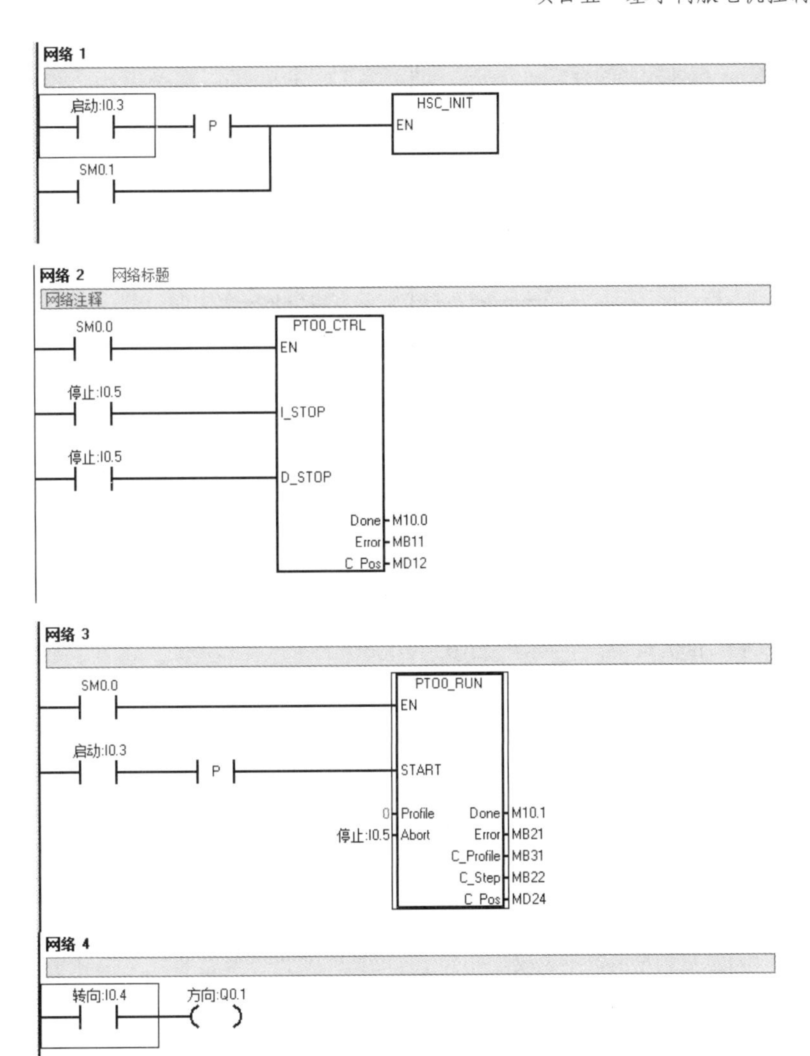

图 5-6　主程序

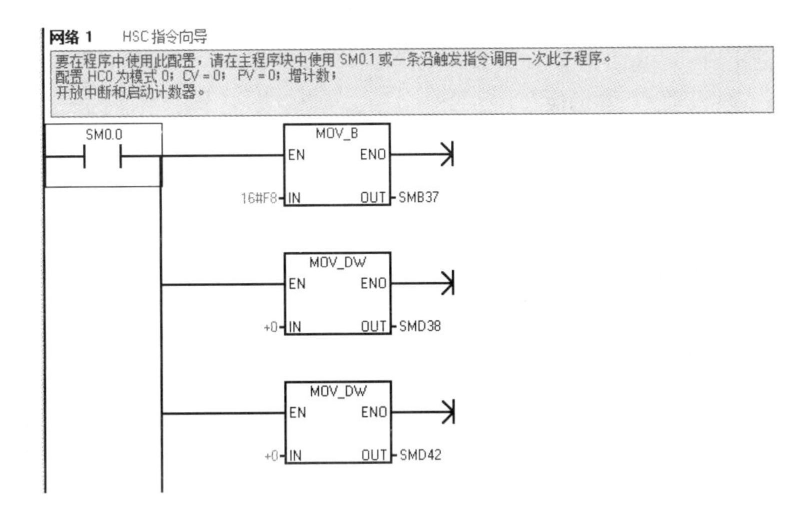

图 5-7　子程序

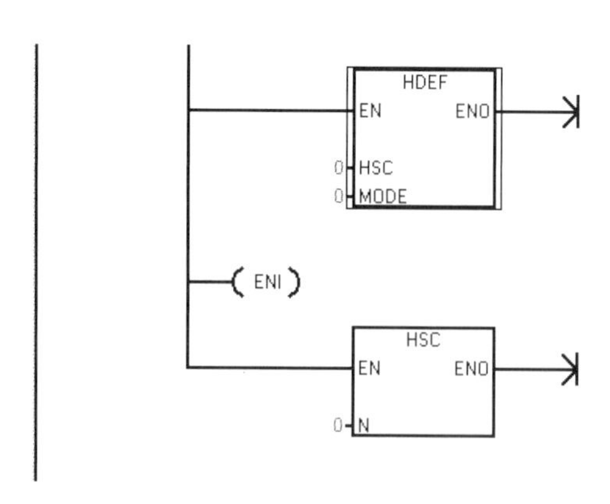

图 5-7 子程序（续图）

五、调试

学生活动：

1. 请根据速度控制要求重新进行程序设计与调试，见图 5-4。

2. 蜗轮蜗杆减速机转盘旋转一周，在 PA05=10000 下，需要给减速电机的脉冲数是多少？减速比是多少？

3. 按下触摸屏启动按钮，伺服电机带动蜗轮蜗杆系统根据触摸屏设定角度和方向运行，运行角度及速度都可通过触摸屏设定，若运行过程中按下停止按键，停止运行。

【任务评价】

考核项目		考核要求	配分	评分标准	扣分	得分	备注
态度 （20 分）	出勤	不迟到早退，不无故缺勤	10	缺勤 1 学时，扣 0.5 分 迟到早退 1 次，扣 0.5 分 请假 2 学时，扣 0.5 分			
	文明	无违纪现象	5	严重违纪，项目 0 分处理 安全事故，项目 0 分处理 其他情况酌情扣 1～5 分			
	主动性	主动学习，帮助他人	5	不主动，扣 5 分 一般，扣 2 分 尚好，扣 1 分 好，扣 0 分			
技能 （70 分）	安装	正确安装元器件	10	安装不规范，每处扣 2 分			
	配线	动力回路接线 控制回路接线 接线工艺	20	不按图接线，扣 20 分 接错或漏接，每根 2 分 工艺问题，每处扣 1 分			
	位置控制向导	正确设置位置控制向导及调用相关子程序	20	不会，扣 20 分 不熟练，扣 10 分 不能独立完成，扣 5 分			
	调试	能进行软硬件相互调试	20	不会，扣 20 分 不熟练，扣 10 分 不能独立完成，扣 5 分			

续表

考核项目		考核要求	配分	评分标准	扣分	得分	备注
表达与研究能力（10 分）	口头或书面表达	能讲清伺服控制系统与步进控制系统的区别；了解伺服参数的含义；符合行业规范	7	每错 1 处，扣 0.5 分			
	研究能力	有一定自学能力，能进行自主分析与设计	3				
总分	总结： 1．我在这些方面做得很好 2．我在这些方面还需要提高						

任务 2　基于伺服控制的立式打包机装箱系统设计与调试

【学习目标】

一、基本目标

1．学会 STEP 7-Micro/Win Smart 编程软件的基本使用。
2．了解伺服电机及控制器的选型方法。
3．了解位置控制中相对定位与绝对定位的区别。
4．学会使用调试软件进行参数设置与调试。
5．能读懂装箱系统的 PLC 程序。

二、提高目标

1．学会伺服控制的系统设计方法。
2．学会 Smart 条件下的运动组态。
3．能进行伺服控制的程序设计。

【任务描述及准备】

一、任务描述

1．*系统概述*

立式打包机主要用于将药品等物品的小包装，进行分层排列并整体装箱、打包，其结构主要包括：送料装置，整理推包装置，吸箱、送箱、撑箱装置，装箱装置，封箱出箱装置等。其中：

送料装置：根据打包速度的要求完成散包的连续推送；该功能由变频器 1 驱动传送带执行；同时具备堵塞报警。

整理推包装置：将散包料按行数、列数要求排放成整齐的一层，并推送到装箱的初始位置，等待装箱装置来抓取；具体的行、列数根据箱体尺寸，通过调节检测元件的位置，或通过HMI修改参数进行调整。该功能由气动装置和检测元件配合执行。

吸箱、送箱、撑箱装置：将码放的压合纸箱吸出并打开，经旋转、移送至装箱位置，后将底部关好（关下小页、下大页），上部撑开，准备装箱；其中送箱由伺服电机执行，其余功能由气动装置执行（要求较高时箱旋转功能可由伺服气缸执行）。

装箱装置：该装置由两台伺服电机驱动进行升降和横移的运动控制，带动气动吸盘完成层料的吸取、移送和释放装箱功能。

封箱出箱装置：当完成指定层数的装箱任务后，由出箱传送带带动箱体移向出口，在移动的过程中同步完成上部关箱（关上小页、上大页）、胶带封箱功能；传送带由变频器2驱动，其余动作由气动装置执行。

打包机的工作过程如图5-8所示。

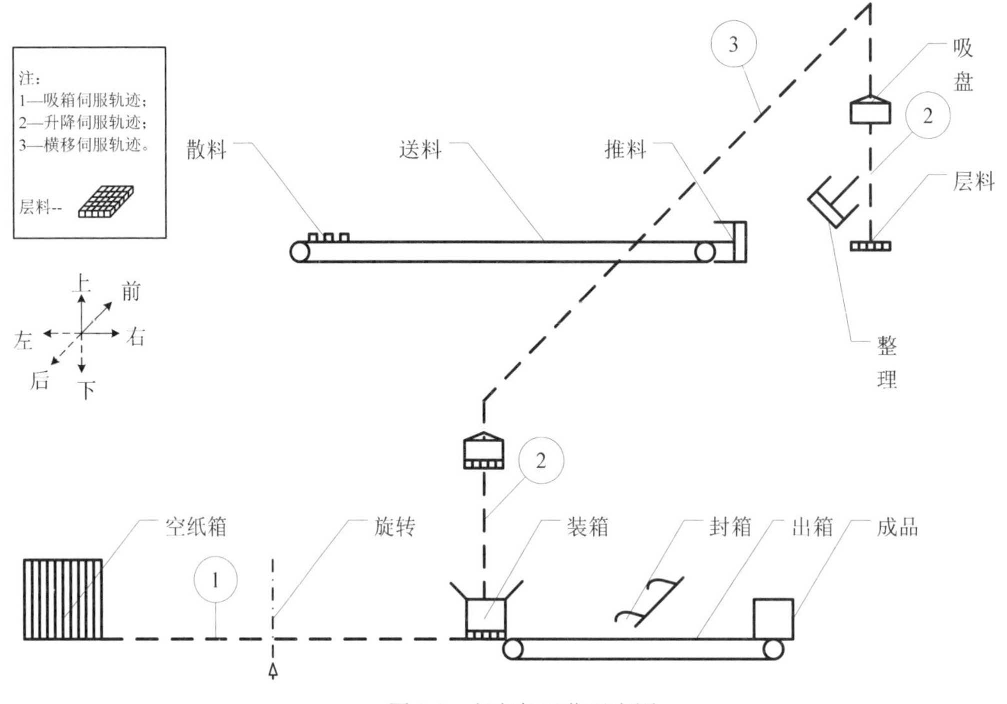

图5-8 打包机工作示意图

2. 具体任务

本项目主要研究打包机中的装箱系统，包括两套伺服电机和控制器、一套气动吸盘及配套的检测装置与机器结构，其任务是在送料和吸箱准备系统的配合下，由气动吸盘吸取层料，然后移动到装箱位置，并按层装入到空箱中。吸取层料时下降到同一高度，而装箱时的下降则要根据装入层数的不同，下降到不同的高度。

具体要求为：两伺服回归原点，即横移伺服退回待吸取层料的上方、升降伺服在上；在空箱准备好的前提下，升降伺服从原点（上部）向下到指定位置，打开吸盘，将整理推包装置准备好的层料抓取后，向上移至原点后停止；横移伺服带动升降装置、连同层料一起向前横移至空箱的上方后停止；升降伺服向下至第一层位置后释放吸盘，完成第一层装箱；之后升降伺服向上运动到安全位置，与横移伺服一起先后返回原点；等待空箱和层料准备好后，循环执行上述动作，依次完成第二、三、四层的装箱任务。具体的层数可在触摸屏上进行预设。

学生活动：请在图 5-6 中标出两伺服的动作原点位置。

二、所需工具设备

1．伺服控制器：松下 A5 系列控制器，型号为 MDDH T2512 和 MDDH T3520 各 1 个，电源规格为单相交流 200V。

2．伺服电机：松下 A5 系列高惯量伺服电机，型号为 MHME104G1S 和 MHME154G1T。各 1 只，额定电压等级为三相交流 400V，功率分别为 1kW 和 1.5kW。

3．基本模块：型号为 S7-200 Smart PLC　CPU ST60（DC/DC/DC），1 个（订货号：6ES7 288-1ST60-0AA0）。

4．扩展模块：型号为 EM DT32（16DI/16DQ transistor），1 个（订货号：6ES7 288-2DT32-0AA0）。

5．传感器：欧姆龙接近开关 4 只，型号为 E2B-S08KN04-WP-B1。

6．触摸屏：型号为 Smart 700 IE，1 个。

7．软件：STEP 7-Micro/Win Smart V2.0 编程软件和 Panaterm V5.0 伺服调试软件。

8．其他附件：气压吸盘 1 套、松下伺服驱动器用 USB2.0 电缆 1 根，网线 1 根。

9．工具：常用电工工具 1 套。

三、完成任务的步骤

1．设计伺服电机控制系统的 PLC 控制回路及 I/O 分配。

2．伺服驱动器、PLC 控制回路接线。

3．完成伺服驱动器参数设置。

4．完成程序设计。

5．调试。

【任务实施】

一、系统设计

根据前述的工作方式及控制要求，整个系统共需要 3 套伺服、2 台变频及多个气压执行元件的协同动作来实现打包功能，并设计一触摸屏以实现参数设置、运行监控、报警输出等人机交互功能。本任务中各个执行元件动作的控制及现场操作与传感器信号的采集，以现代工业现场广泛采用的 PLC 作为集中控制器，主要设计内容如下。

1．PLC 的选型

由于系统相对简单，故采用小型整体式 PLC。3 台伺服驱动器需要 3 路脉冲输出来控制，故选用小型整体式 S7-200 Smart PLC，其自身集成 3 路 100K 的脉冲输出通道，可满足通道需求选用 ST 型 CPU，为晶体管输出方式，满足快速响应需要。整个系统共计需要 48 个输入点和 32 个输出点，再考虑与前段及后段配套设备的衔接所需要的信号关联，约增加 4 点左右的 I/O 资源，故选择集成最多 60 点规格的 CPU ST60 和 1 个数字量扩展模块 EM DT32（16DI/16DQ transistor），并留有10%左右的余量以备用。

2. 位置控制方法

根据系统的功能及控制要求，伺服电机采用位置控制方式。位置控制方式中有相对定位和绝对定位两种基本方法。

绝对定位总是以设定的机械原点（唯一的）为参考，将目标点相对参考点的坐标所对应的脉冲值，作为执行指令的脉冲参数进行定位；而相对定位则是以每次的起始位置作为参考点（行程的第一参考点也称原点，可设置多个参考点），将目标点与每一次起始位置点的相对坐标所对应的脉冲值，作为执行指令的脉冲参数进行定位。

当对原点的位置及控制精度要求较高，且每次开机时就需要知道当前位置的系统应采用绝对定位方式，绝对定位最好选用绝对编码器作为位置的反馈元件，由于绝对编码器的位置是由多道机械码盘的位置编码决定的，具有唯一性，且不受停电和电气干扰的影响，可靠性较高，可满足高精度的要求。由于目前多圈式绝对编码器最多可达4096圈，因此不适用于超大行程的控制要求。配用绝对编码器的绝对定位方式在不改变机械结构和位置的前提下，一般只需要在开机时执行一次回原点指令即可，此原点位置系统会一直记忆，系统可随时读取当前实际位置的坐标。

相对定位一般配用增量式编码器，在速度控制，以及对定位精度要求不是很高或进行超大行程的位置控制时优先采用。当编码器不动或停电时，需要依靠控制器的记忆功能来记住位置，此时如有任何移动或脉冲丢失，都将导致位置信息的错误，因此相对定位一般要在每次开机或操作前进行回原点操作，否则相对定位的位置误差将不可控制。

本系统采用相对定位方式，通过PLC的脉冲输出给伺服驱动器提供位置指令，具体的运动行程由组态的运动包络来控制。对于S7-200 Smart PLC而言，运动包络曲线运行模式有四种，分别是绝对位置、相对位置、单速连续旋转和双速连续旋转。其中双速连续旋转只有当选择绝对定位模式，且RPS信号激活后才可选择，而一般的S7-200 PLC不支持绝对位置方式。绝对位置和相对位置都允许组态“目标速度”和“终止位置脉冲”两个参数，伺服按照指定的脉冲频率运行到指定的终点位置后自动停止本行程。区别在于绝对位置模式时的终止位置是从绝对原点起，到达指定脉冲数所对应行程的位置；而相对位置模式时的终止位置是从当前位置开始，经指定脉冲数所对应的行程的位置。简单来说，二者的区别就是计算终止位置时的起点不同，而单速连续旋转则组态运动方向和目标速度，编程时利用结束信号终止连续行程。

3. 伺服控制设计

为了满足横移和升降装置动作的稳定性、频率响应特性和位置精度的要求，且便于控制，选用小型伺服作为执行元件。应客户指定、与车间其他设备所用驱动器的生产厂商一致，选用松下A5系列产品，具体型号见“所需工具设备”。由于机械结构及动作路线的限制，横移与升降伺服不能同时运行，从主操作界面看，设横移伺服的原点为最前端，升降伺服的原点为最上端。每次开机前需执行自动回原点程序。

自动运行时的基本动作步骤为：在层料准备好即整理推包完成（动作标志位M3.3）及空箱已准备好即开箱完成（动作标志位M3.2）的前提下，前端快速向下①→真空阀打开并延时②→前端快速向上③→升降伺服慢速回原点④→快速向后⑤→后端快速向下⑥（根据实际的装箱层数改变下降的行程大小）→真空阀关闭，释放层料并延时⑦→后端快速向上⑧→升降伺服慢速回原点④→快速向前⑨→横移伺服慢速回原点⑩，完成一个周期。

两伺服的信号设置如图 5-9 所示。比较可靠的信号设置方法是，在行程的两端极限位置采用机械式开关进行限位，以防故障时超越行程，导致破坏性事故，回原点信号多采用接近开关。而本项目中在机械结构设计时已考虑行程两端的限位保护，确保不会因越程导致事故，所以没有设计机械式限位信号，原点和限位信号都采用接近开关作为电气信号。

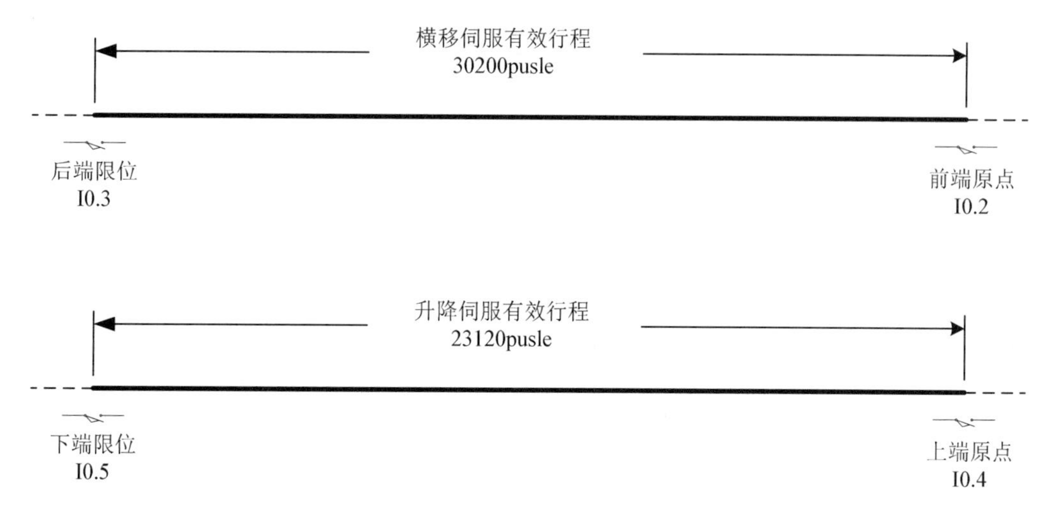

图 5-9　伺服信号布置

行程的大小、速度和方向控制是通过 PLC 的运动包络来实现的，为了减少运动终端的过冲，又能使整个行程快速完成，一般采用低速通过最后一段短行程和低速到达原点的方法。本任务采用相对位置和单速连续旋转的包络曲线运行模式。上述的 10 组动作中共有 8 组行程，两个回原点动作④和⑩为单速连续旋转模式，并采用低速运行，其余为相对位置模式。相对位置模式中指向限位端的包络均采用两步包络，目的是最后一步采用较低的速度，以防过冲引起限位动作，如动作①、⑤、⑥，而动作③、⑧、⑨均为单步快速包络，因为其动作后均衔接有慢速回原点动作，不会过冲。

学生活动： 请思考后端快速向下动作⑥要根据实际的装箱层数改变下降行程大小的目的及实现方法。

4. 脉冲计算

根据实际的行程及脉冲当量可以计算总行程所需的脉冲数，作为 PLC 中运动组态设置脉冲的依据。脉冲当量的获得方法可以采用理论计算法和实际测量法。

（1）理论计算法

图 5-10 为一般伺服系统的传动结构示意图，其中，脉冲串由上位控制器（如 PLC）发出给伺服驱动器，作为驱动伺服电机的位置指令，编码器将脉冲反馈给驱动器作为电机旋转量的检测，丝杆或其他传动装置将电机的扭矩传递给生产机械并实现速比的机械调节。

一般驱动器都具备电子齿轮功能，并可通过参数设置对应的分频或倍频比，将上位控制器（如 PLC）输入的脉冲指令乘以所设定的电子齿轮比（又称分倍频比），作为驱动器的位置指令脉冲数。通过此功能，可任意设定单位输入指令脉冲的电机旋转量或移动量，即脉冲当量，也称脉冲的位置分辨率（mm/p），也可在无法得到上位控制器的脉冲输出能力界限所要的电机速度时，增大指令脉冲频率。

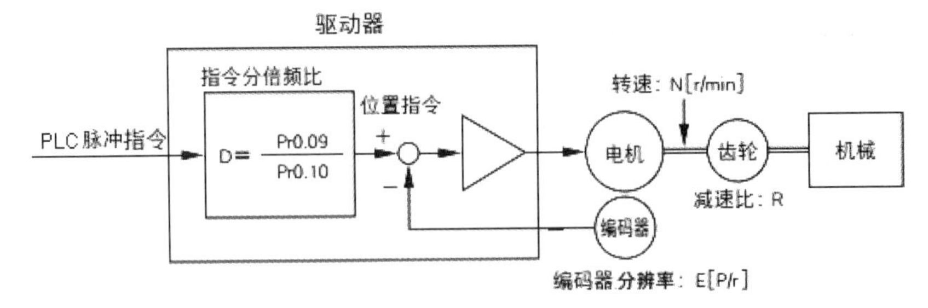

图 5-10 伺服传动示意图

以伺服传动中常用的滚珠丝杠为例，设丝杠的螺距为 L（mm），指令脉冲量为 P，电子齿轮比为 D，编码器的分辨率为 E（p/r），传动的减速比为 R，电机的转速为 N（rpm），实际的移动量为 M，则

$$M=\frac{P\times D}{E}\times\frac{1}{R}\times L\ \text{（mm）} \tag{4-1}$$

其中，$P\times D$ 表示位置指令脉冲数，$P\times D/E$ 表示输出脉冲后电机转过的圈数。

所以，单个脉冲的移动量，即脉冲当量 ΔM 为

$$\Delta M=\frac{D}{E}\times\frac{1}{R}\times L\ \text{（mm/p）} \tag{4-2}$$

要想获得 ΔM 的位置分辨率，则应选择的电子齿轮比为

$$D=\frac{\Delta M\times E\times R}{L} \tag{4-3}$$

说明：

①设置位置分辨率 ΔM 时应考虑机械误差，参考值为机械定位精度 $\Delta\varepsilon$ 的 1/5～1/10。

②电子齿轮比可通过参数（Pr0.09、Pr0.10）任意设置，但过大或过小可能均无法实现，使用参考的范围为 1/1000～1000。

有了恰当的位置分辨率 ΔM 后，移动某一行程 S 所需的指令脉冲量 ΣP 计算公式为：

$$\Sigma P=\frac{S}{\Delta M} \tag{4-4}$$

如组态的脉冲目标速度为 F（P/S），则电机的转速 N（rpm）可按式（4-5）计算得到。

$$N=\frac{F\times D}{E}\times 60 \tag{4-5}$$

（2）实际测量法

在传动比等机械参数未知的情况下，可通过实际的试运行来测量脉冲的位置分辨率。通过多次手动的方式，由测试程序中读出每次实际发出的脉冲数 P_i 及测量得到的实际行程 S_i 计算分辨率，并取多次测量的平均值即可，见式（4-6）。

$$\Delta M=\frac{1}{n}\cdot\sum_{i=0}^{n}\left(\frac{S_i}{P_i}\right) \tag{4-6}$$

同样，移动某一行程 S 所需的指令脉冲量 ΣP 的计算见式（4-4）。

本任务中横移伺服和升降伺服的脉冲位置分辨率为 0.025mm/p。

学生活动：请计算图 5-7 中两伺服的总行程所需要的脉冲量。

二、电路设计

伺服控制器的主电路和控制电路接线可参照图 5-11 至图 5-13。具体到本任务，由于选用的是单相电源型伺服控制器和三相伺服电机，故在电路中需要连接主电源 L1、L3，控制电源 L1C、L2C 和电机连接端 U、V、W。设计使用的控制信号包括：作为 PLC 输入信号的脉冲输入端 OPC1(1)-PULS2(4)和 OPC2(2)-SIGN2(6)，伺服使能信号 SRV_ON(29)-COM-(41)-COM+(7)，报警清除信号 A_CLR(31)、COM-(41)、COM+(7)；作为 PLC 输出信号的报警输出信号 ALM+(37)、ALM-(36)，此外，还应连接接地端 GND。其他控制信号在本任务中未使用，故不需要接线。

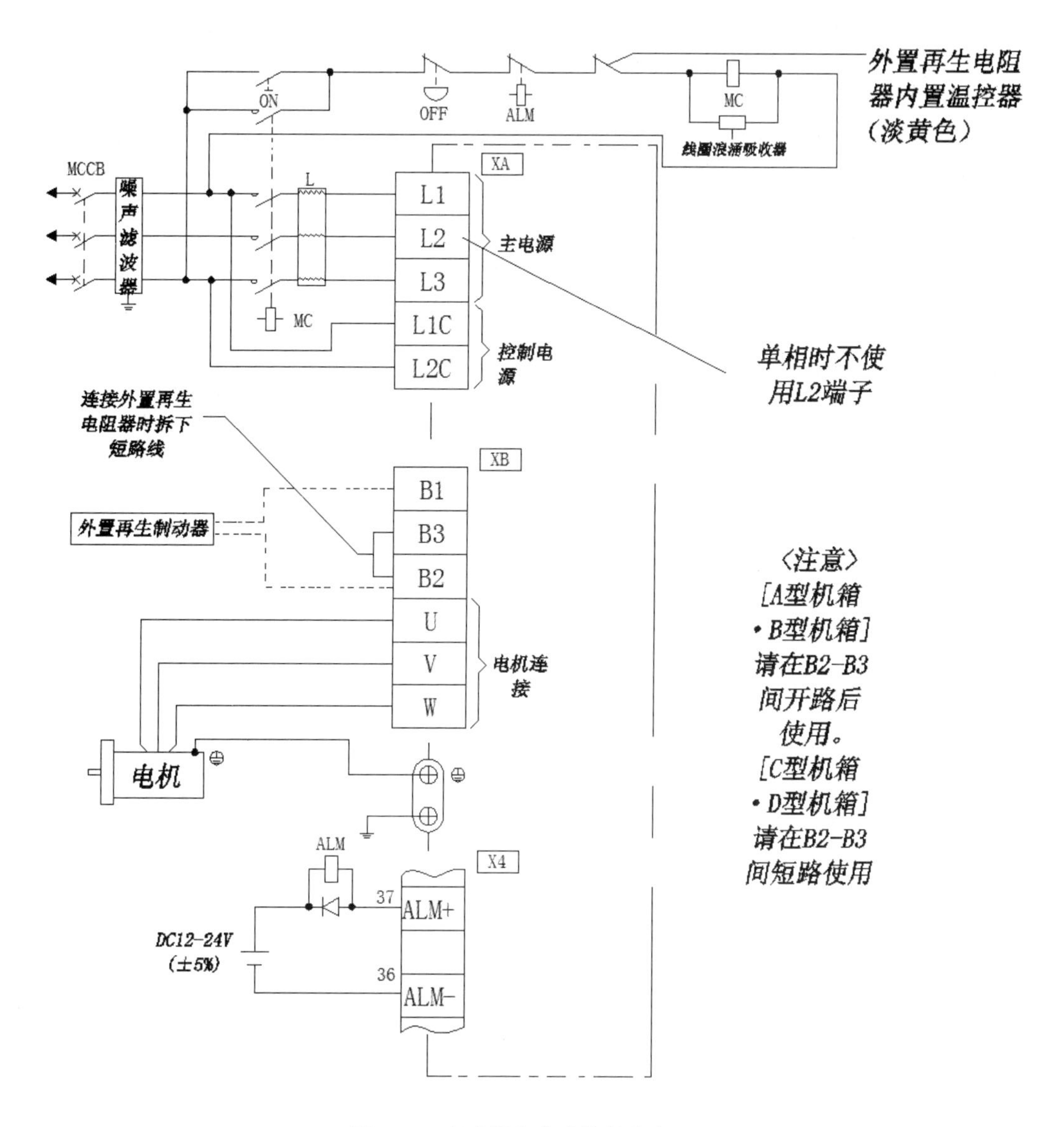

图 5-11　驱动器主电路接线参考

最终设计的控制器电路如图 5-13 所示。

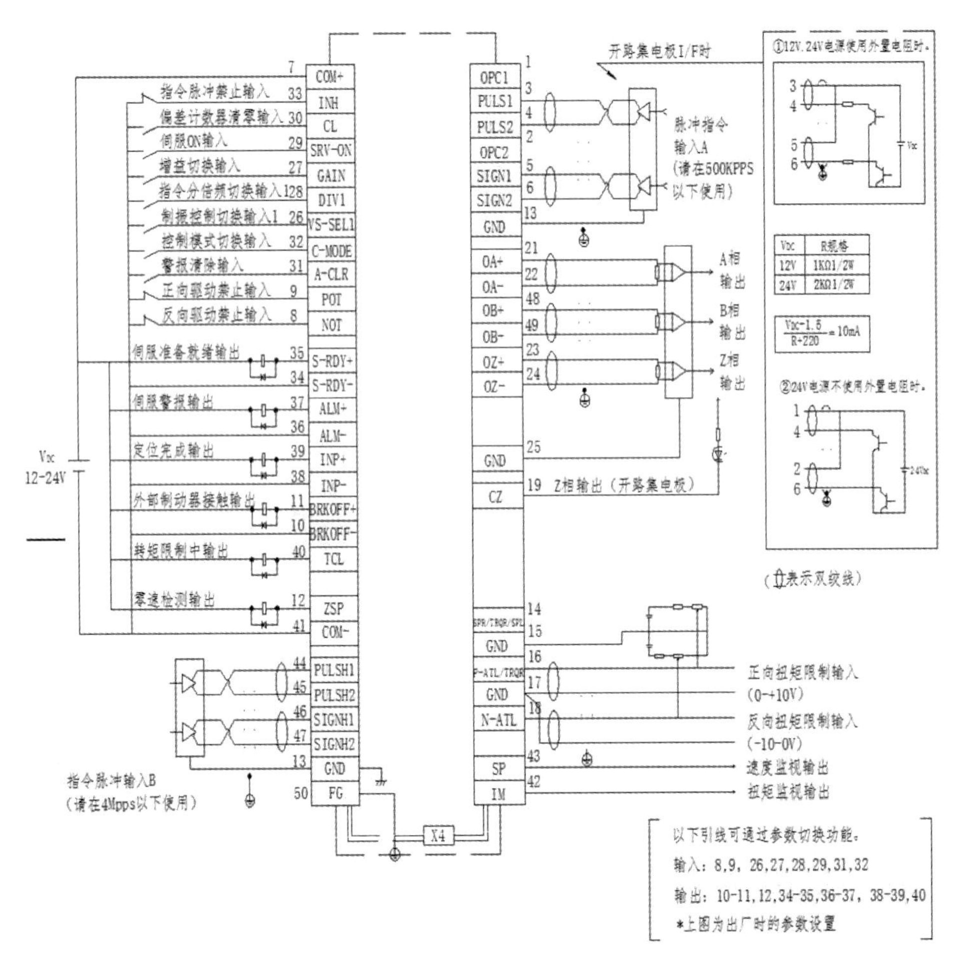

图 5-12　驱动器控制电路接线参考

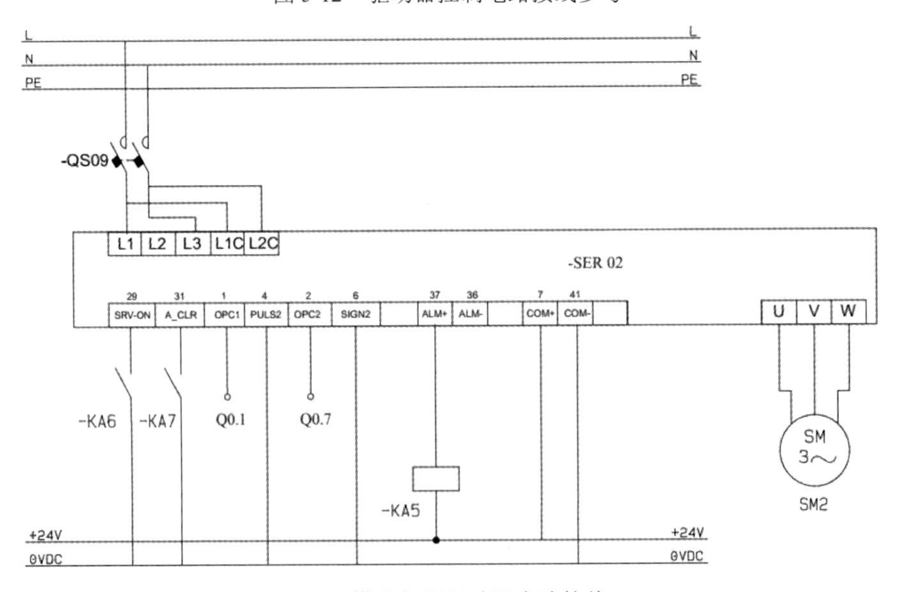

(a) 横移伺服驱动器电路接线

图 5-13

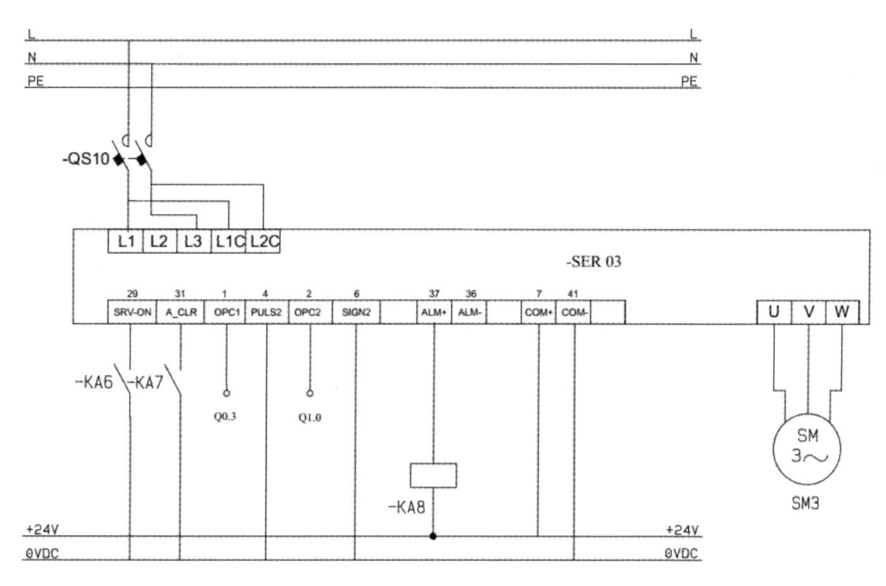

（b）升降伺服驱动器电路接线

图 5-13

学生活动：结合 Smart PLC（ST 输出方式）的输出端，画出横移伺服的脉冲输出及方向信号与驱动器的实际接线图。

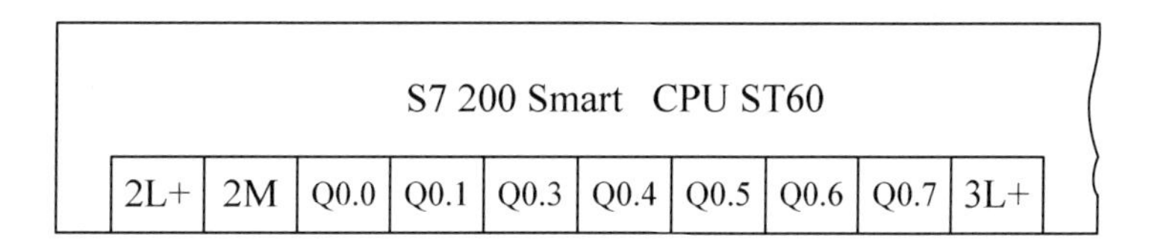

三、伺服控制器参数设置

本任务的两台伺服均采用位置控制方式，其参数通过配套的参数设置与调试软件 Panaterm V5.0 进行设置。安装好软件后，将驱动器与电脑用 USB 电缆连接，如图 5-14 所示。

图 5-14　驱动器与电脑的连接

单击 Panaterm V5.0 的快捷方式，进入主画面，如图 5-15 所示。

如为第一次启动，样本数据会被复制到我的文档中，显示图 5-16 所示画面，单击“继续”，安装参考数据后，则进入主画面。

进入主画面后，在主画面的工具栏上选择“与驱动器通信”，或在菜单上选择“文件”→“设定”→“与驱动器通信”，则系统自动识别所连接的驱动器和电机型号，如图 5-17 所示。

图 5-15 主画面

图 5-16 首次启动画面

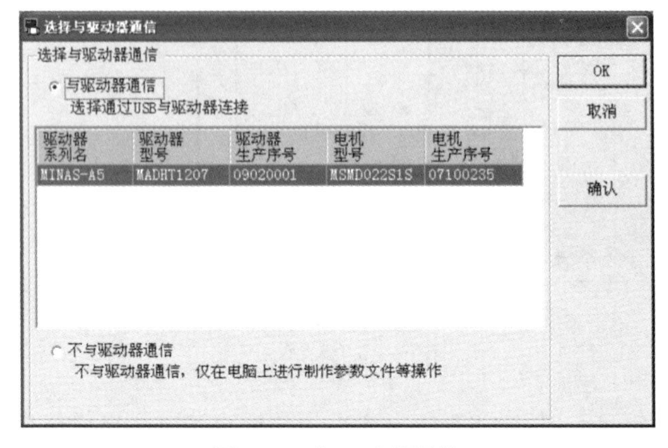

图 5-17 与驱动器通信

如果正与驱动器通信时，需要继续通信完成其他任务，单击“取消”。

与驱动器通信后，便可进入参数画面，进行驱动器参数的确认、修改，或进行驱动器参数的保存等参数的相关操作。

1. 参数画面的使用

（1）单击主画面工具栏上的“参数”，则显示参数读取窗口，如图 5-18 所示。

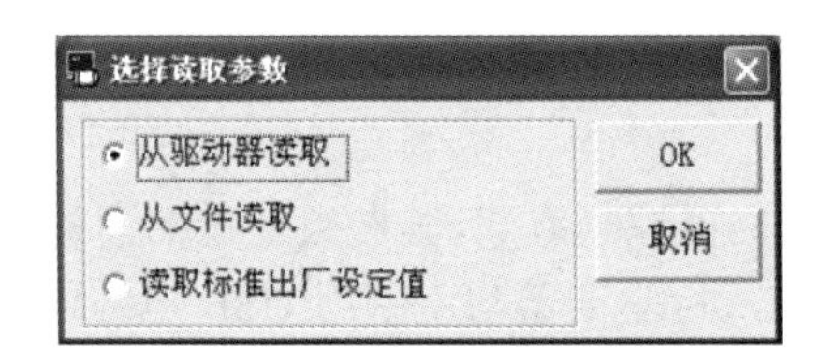

图 5-18 参数读取窗口

参数读取三种方式的含义分别是：

从驱动器读取——从已通讯的驱动器读取参数，后续的参数变更可直接反映到驱动器上；

从文件读取——从之前编辑的参数文件（.prm5）中读取参数，当不向驱动器改善命令时，后续参数的变更，不会反映到已连接的驱动器上；

读取标准出厂设定值——读取软件安装时保存的出厂值，与“从文件读取”方式相同，当不向驱动器改善命令时，后续参数的变更，不会反映到已连接的驱动器上。

（2）选择“读取标准出厂设定值”方式，单击“OK”打开参数窗口，如图 5-19 所示。

（3）选择子项目或参数。

从项目中选择子项目或参数单击后，则在右侧的参数设定区域显示相关联的参数，根据需要对所选择的参数进行编辑与设定，如图 5-20 所示。如设定电子齿轮比，如图 5-21 所示。

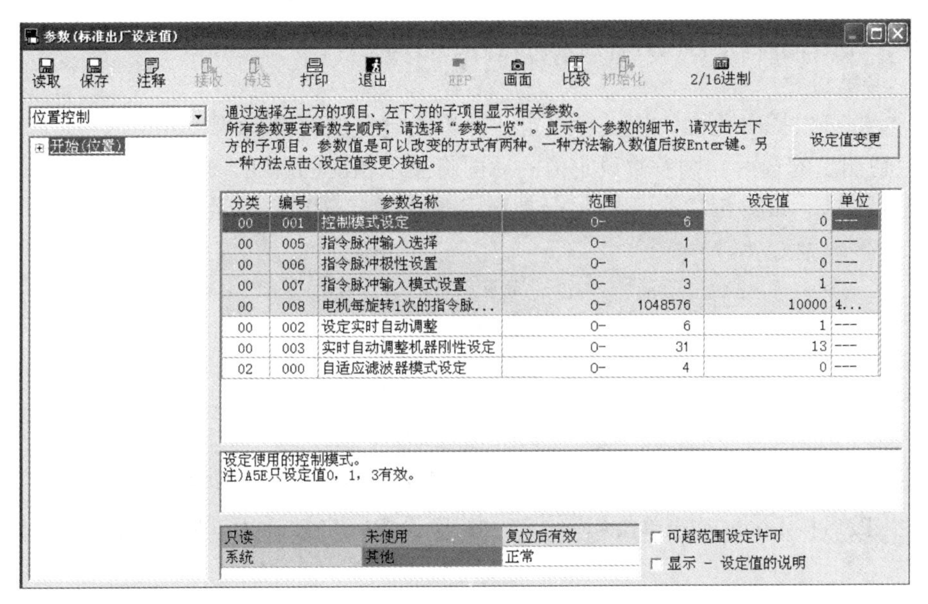

图 5-19　参数窗口

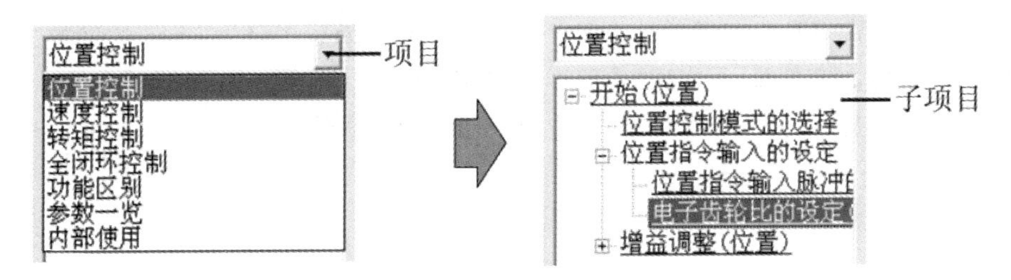

图 5-20　设定项目选择

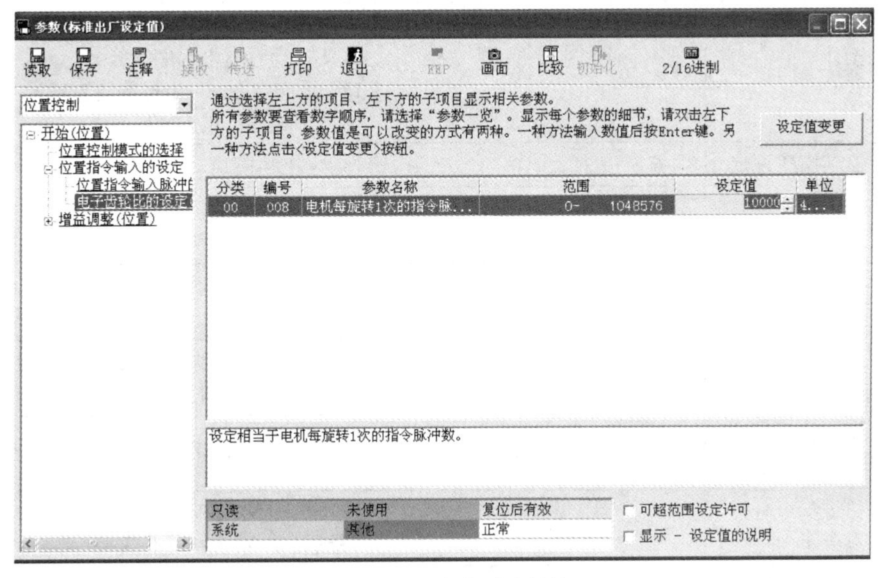

图 5-21　设定电子齿轮比

双击下划线部分，则自动打开所对应内容的帮助文件。

（4）参数设定

每一参数可根据“范围”值进行设定，参数设定值的修改有两种方式，一是将下方“显示-设定值说明”勾选后，则参数设定值的后面将显示相应的说明，单击▼，打开下拉列表进行参数值的选择，如图 5-22 所示；另一是利用增减箭头进行参数值的增加或减小。

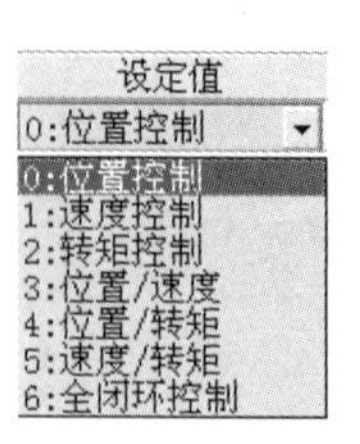

图 5-22 参数设定方法

参数修改后按 Enter 键，单击 设定值变更 ，则设定的值被确认，如按 Esc 键，则返回原参数值。

（5）参数的保存或传送

将所需的参数都修改完成后，可通过选择“参数”窗口工具栏上的“传送”功能，将参数下载到已连接的驱动器中，或通过“保存”功能，保存为后缀名为.prm5 的参数文件，同时可为该参数表添加注释文本，保存到电脑中所选路径的指定位置。

注：图 5-19 中由于未连接驱动器，“传送”功能键为灰色。

2. 所需参数

位置控制方式需要设置的参数见表 5-2。

表 5-2 位置控制的主要关联参数

参数号码	参数名称	设定范围	设定值	功 能
Pr0.00	旋转方向设定	0～1	0	0：正向指令时，电机旋转方向为 CW 方向（从轴端看电机为顺时针） 1：正向指令时，电机旋转方向为 CCW 方向（从轴端看电机为逆时针）
Pr0.01	控制模式设定	0～6	0	指定控制模式，位置控制模式时设为 0
Pr0.05	指令脉冲输入选择	0～1	0	作为指令脉冲输入，选择使用光电耦合器还是使用长线驱动器专用输入
Pr0.06	指令脉冲旋转方向设定	0～1	1	设定针对指令脉冲输入的计数方向（见表后说明）
Pr0.07	指令脉冲输入模式设定	0～3	3	设定针对指令脉冲输入的计数方法，脉冲+方向的控制方式时设为 3
Pr0.08	每旋转 1 圈的指令脉冲数	0～1048576	10000	设定相当于电机每旋转 1 圈的指令脉冲数
Pr0.09	第 1 指令分倍频分子	0～1073741824	默认值（0）	设定针对指令脉冲输入的分频、倍频处理的分子。Pr0.08=0 时有效
Pr0.10t	指令分倍频分母	1～1073741824	默认值（10000）	设定针对指令脉冲输入的分频、倍频处理的分母。Pr0.08=0 时有效

其中，脉冲与电机转向的对应关系由 Pr0.01 和 Pr0.06 的参数值共同决定，Pr0.06 的值决定输入脉冲是正向指令还是负向指令，而 Pr0.01 决定同一方向指令对应的电机旋转方向。当 Pr0.07=3，指令脉冲输入模式为“脉冲+方向”，此时脉冲与转向的对应关系如下：

当 Pr0.06=0，方向信号为高电平时，脉冲为正方向指令；方向信号为低电平时，脉冲为负方向指令。当 Pr0.06=1，方向信号为高电平时，脉冲为负方向指令；方向信号为低电平时，脉冲为正方向指令；

当 Pr0.01=0 时，正向指令对应电机旋转方向为 CW 方向（从轴端看电机为顺时针），负向指令对应电机旋转方向为 CCW 方向（从轴端看电机为逆时针）；当 Pr0.01=1 时，正向指令对应电机旋转方向为 CCW 方向（从轴端看电机为逆时针），负向指令对应电机旋转方向为 CW 方向（从轴端看电机为顺时针）。

本任务通过 Pr0.08 直接指定电子齿轮，参数 Pr0.09 和 Pr0.10 未修改。

如需了解更多参数的功能，请参阅“MINAS A5 系列交流伺服马达•驱动器使用说明书”。

四、PLC 硬件组态

根据前述的系统设计，S7-200 Smart PLC 由 CPU ST60 基本模块和 EM DT32 扩展模块组成。基本模块上集成有以太网、RS485 通信接口（COM0），还可通过通信板（SB）扩展一个 RS485/232 端口（COM1），实现 CPU、编程设备和 HMI 之间的多种通信。本任务中编程设备与 CPU 以及 HMI 与 CPU 间的数据交换都通过网口通信，当采用一对一通信时不需要以太网交换机；当网络中有两个以上的设备时，才需要通过以太网交换机实现正常通信。

另外，STEP 7-Micro/WIN Smart 只能通过以太网端口连接到 S7-200 Smart CPU。一个 PG 一次只能监视一个 CPU。RS485 和 RS232 端口仅适用于 HMI 访问（数据读/写）和自由端口通信。

学生活动：查阅 PLC 系统手册，集成的 RS485 通信接口和信号板 RS232/RS485 端口分别能支持几个 HMI 设备的通信连接？

1. 通过系统块进行硬件配置

使用以下方法之一可查看和编辑系统块以设置 CPU 选项：

（1）单击导航栏上的“系统块”（System Block）按钮。

（2）在“视图”（View）菜单功能区的“窗口”（Windows）区域内，从“组件”（Component）下拉列表中选择“系统块”。

（3）选择“系统块”节点，然后按 Enter 键，或双击项目树中的“系统块”。

“系统块”窗口如图 5-23 所示，在窗口上部表格的“模块”列中使用下拉列表，更改、添加或删除 CPU 型号、信号板（SB）和扩展模块（EM）。当添加模块时，“输入”列和“输出”列显示已自动分配的输入地址和输出地址。指向不同模块时，窗口下部显示与之相对应的内容，供编辑与修改，如图中 CPU 模块和以太网 IP 地址等。

本任务的硬件组态结果如图 5-21 所示。其中，IP 地址为 192.168.2.1；CPU 模块中 I/O 的地址范围为 I0.0～I4.7，Q0.0～Q2.7；扩展模块的地址范围为 I8.0～I9.7，Q8.0～Q9.7。保持范围、安全和启动等其他选项的设置可参考 S7-200 Smart 系统手册。

2. 通信

通过网线将编程电脑与 CPU 连接后，可通过菜单栏上的“PLC”→“PLC”，或在导航栏、项目树上单击“通信”按钮打开通信窗口，如图 5-24 所示，打开的通信窗口如图 5-25 所示。

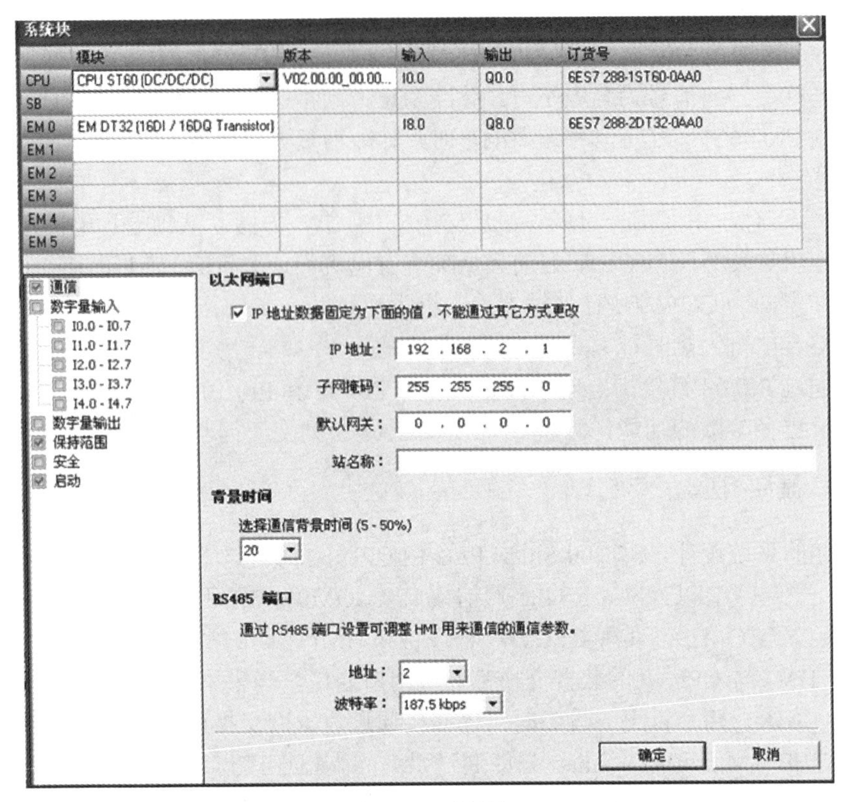

图 5-23　系统块

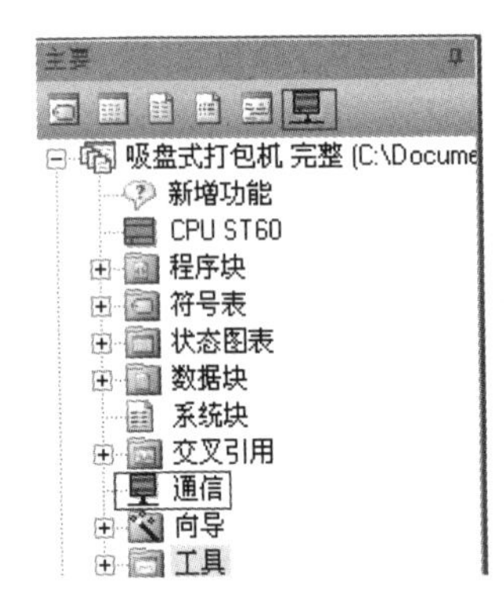

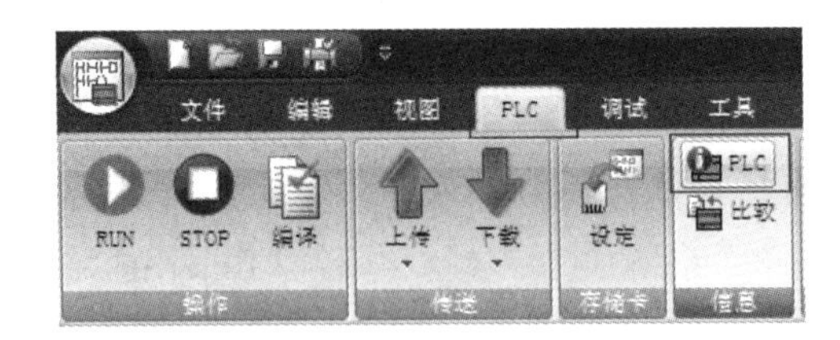

图 5-24　打开通信窗口

可通过通信窗口下方的“查找 CPU”或“添加 CPU”按钮来查找已连接的 CPU，或添加指定 IP 地址的 CPU，并可在“找到 CPU”或“添加 CPU”文件夹中显示已找到或已添加的 CPU，打开后可进行 IP 地址等的编辑或 CPU 的删除（图 5-25 所示“通信”窗口中“编辑”和“删除”按钮灰色，是因为未与 PLC 建立通信）。单击“闪烁指示灯”按钮，可对指定 CPU 闪烁其“STOP”“RUN”和“FAULT”指示灯。

当与指定的 CPU 建立通信后，即可将运动组态的包络信息及编辑好的程序下载到 PLC 中。

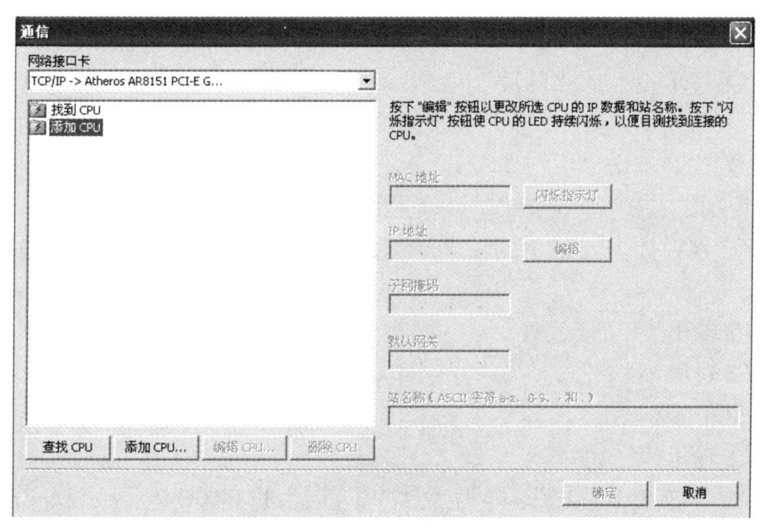

图 5-25　“通信”窗口

五、运动组态

STEP 7 Micro/WIN SMART 提供一个运动向导，用于创建组态/曲线表和位置指令，同时提供一个运动控制面板，用于测试输入和输出的接线、运动轴的组态以及运动曲线的操作。

S7-200 Smart PLC 最多可为三个运动轴提供开环位置控制，并提供可组态的测量系统，输入数据时既可以使用工程单位（如英寸或厘米），也可以使用脉冲数。

1. 运动轴组态

（1）启动运动向导

启动运动向导的方法有两个：一是单击导航栏中的“工具”（Tools）图标，然后双击“运动向导”（Motion Wizard）图标；二是选择“工具→运动向导”菜单命令。勾选要组态的轴（如轴 1）后，单击“下一个”，为该轴定义一个名称，如“横移伺服”，如图 5-26 所示。

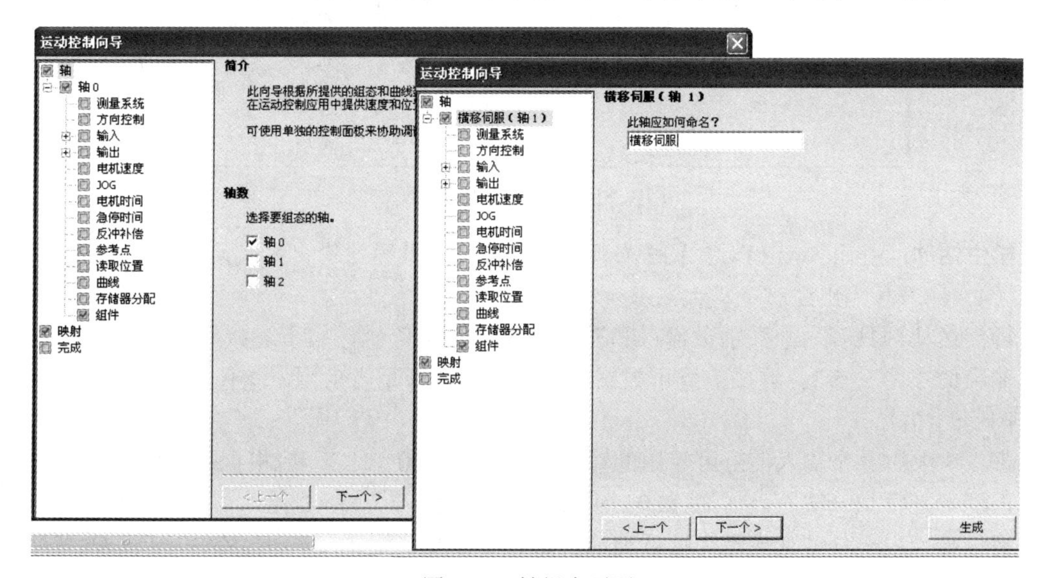

图 5-26　轴组态画面

（2）选择测量系统

可以选择“工程单位”或“脉冲”，如果选择工程单位，则需要输入电机每转一圈产生的脉冲数、测量基本单位（如英寸、英尺、毫米或厘米）以及电机转动一圈移动的距离。本任务中选择“脉冲”方式，单击“下一个”。

（3）方向控制组态

方向控制组态窗口如图 5-27 所示。在“相位”下拉框中共有 4 种脉冲输出方式供选择，分别是：

- 单相（2 输出）
- 双相（2 输出）
- AB 正交相（2 输出）
- 单相（1 输出）

本任务中选择“单相 2 输出”，即为“脉冲+方向”的方式，P0 表示脉冲输出信号，而 P1 指示运动方向（轴的实际运动方向由后续的运动曲线组态中“终止位置”脉冲的正负决定）。在“极性”下拉框中可选择正或负的极性，当选择“正”极性时，P1 激活表示正向移动，而未激活则表示负向移动。选择好后单击“下一个”，进入输入信号组态。

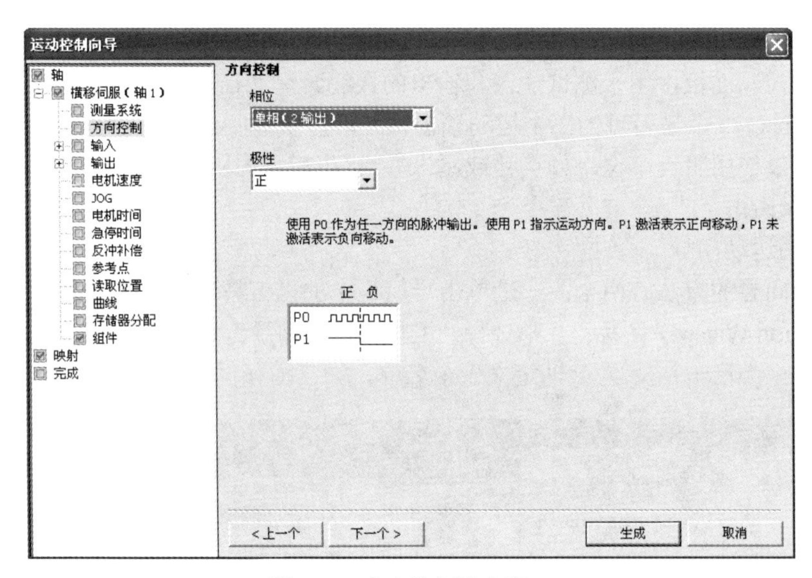

图 5-27 方向控制组态窗口

学生活动：查阅 Smart PLC 系统手册，说明另外三种脉冲输出方式的具体含义。

（4）输入和输出组态

每一运动轴具有六个数字量输入和三个数字量输出信号，用于连接运动应用。可组态的输入输出信号见表 5-3。这些信号可根据应用的要求选择是否启用，本任务中仅启用 LMT-和 P0、P1 三个信号。

表 5-3 中的 6 个输入信号可使用的输入点范围是 I0.0～I1.3，应根据实际的需要组态进行选择，而一旦将某一输入点（如 I0.0）组态为运动轴的一个特定功能（例如 RPS）之后，则不能将该输入用于任何其他运动轴或功能。本任务中每一运动轴只需组态一个输入“LMT-”信号，即勾选“LMT-”信号，并指定相应的输入点即可，组态的结果如图 5-28 所示。

表 5-3　运动轴的输入输出信号

信号类型		说明
输入信号	STP	STP 输入可使 CPU 停止正在进行的运动。在运动向导中可选择所需 STP 操作
	RPS	RPS（参考点切换）输入可为绝对运动操作建立参考点或零点位置。某些模式下，也可通过 RPS 输入使正在进行的运动在行进指定距离后停止
	ZP	ZP（零脉冲）输入可帮助建立参考点或零点位置。通常，电机每转一圈，电机驱动器/放大器就会产生一个 ZP 脉冲。 注：仅在 RP 搜索模式 3 和 4 中使用
	LMT+ LMT-	LMT+和 LMT-输入是运动行程的最大限制。运动向导允许组态·LMT+和 LMT-输入操作
	TRIG	某些模式下，TRIG（触发）输入会触发 CPU，使正在进行的运动在行进指定距离后停止
输出信号	P0 P1	P0 和 P1 为脉冲输出，用于控制电机的运动和方向
	DIS	DIS 输出用于禁用或启用电机驱动器/放大器

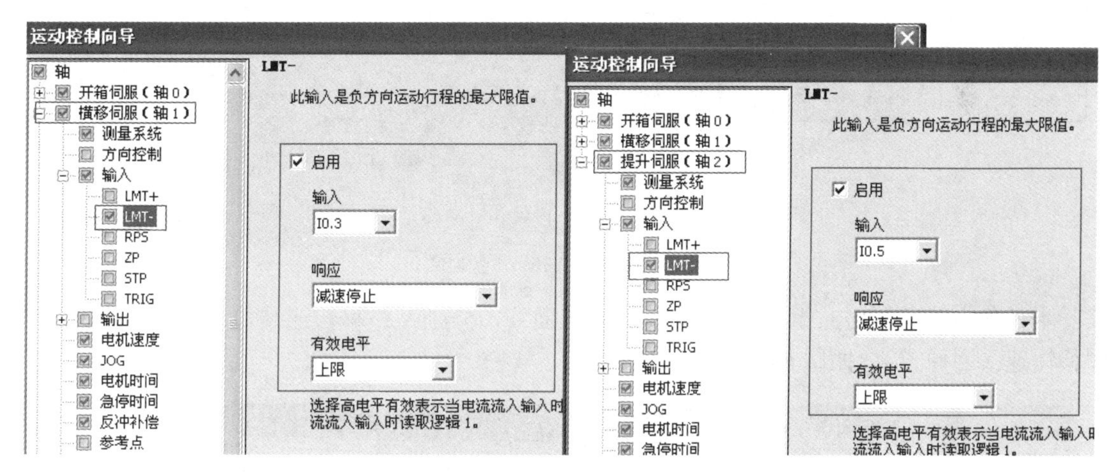

图 5-28　输入、输出组态画面

STEP 7-Micro/WIN SMART 为 PWM 和运动轴实施固定输出分配，具体信号与轴号相对应，不可人为更改，而未启用的输出端口可用于其他功能。

学生活动：查阅 Smart PLC 系统手册，系统是如何对可组态的三个轴的输出信号进行端点分配的，请完成下表。

轴号	P0	P1	DIS
轴 0			
轴 1			
轴 2			

组态完成后，依次单击“下一个”，可根据需要分别对电机速度、点动（JOG）、电机时间、急停时间、反冲补偿、参考点、读取位置等进行组态，其中“参考点”的组态是用于绝对定位

方式的，只有当输入信号中“RPS”启用后才可启用，该功能用于设定驱动器搜索位置参考点的速度、初始查找方向、偏移量以及4种不同的搜索顺序（本任务中未使用）。单击“下一个”进入运动曲线组态画面。

（5）定义运动曲线（运动包络）

运动曲线组态画面如图5-29所示。根据需要可以添加多条运动曲线，并可在曲线中添加多步，每一运动曲线中最多可组态16个单独步。

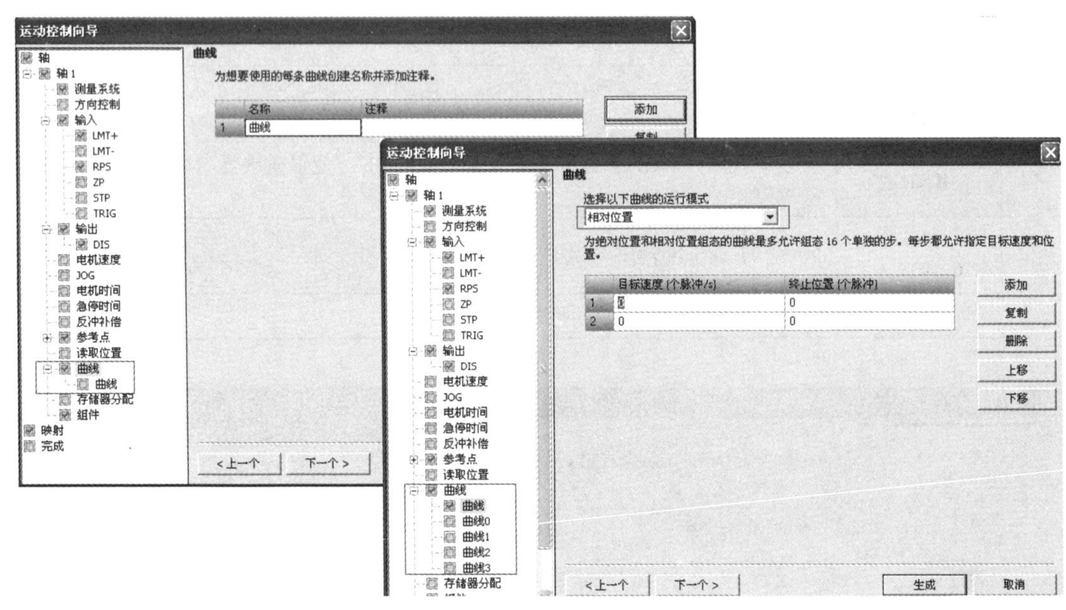

图5-29 运动曲线组态画面

本任务中横移伺服共组态了 3 个运动包络曲线，分别是横移快速装箱、横移快速抓取和横移慢速（回原点），如图5-30所示。

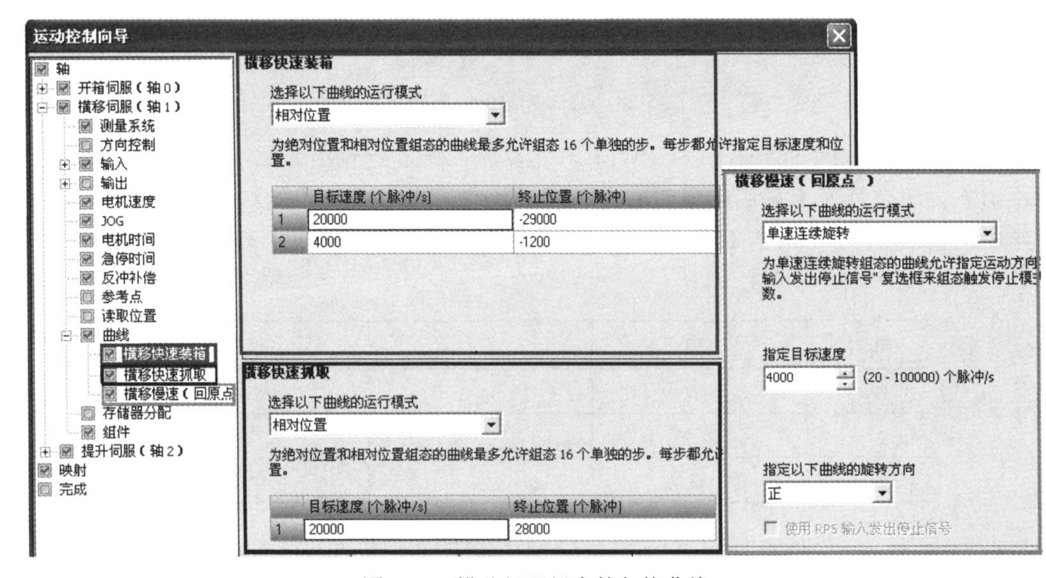

图5-30 横移伺服组态的包络曲线

升降伺服共组态了七个运动包络曲线，分别是快速向下 1、快速向下 2、快速向下 3、快速向下 4、前端快速向上、慢速向上（回原点）和后端快速向上，如图 5-31 和图 5-32 所示。组态完成后单击“下一个”，进入“曲线”组态画面。

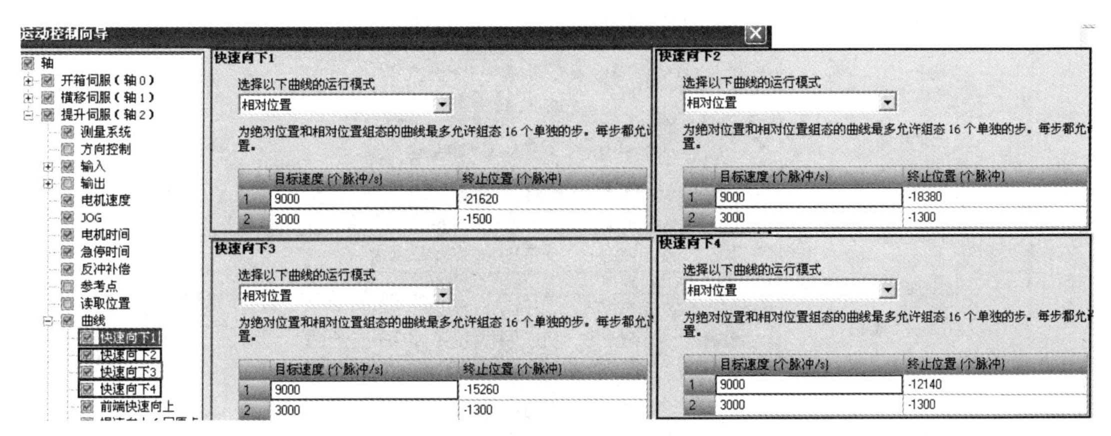

图 5-31　升降伺服组态的包络曲线（1）

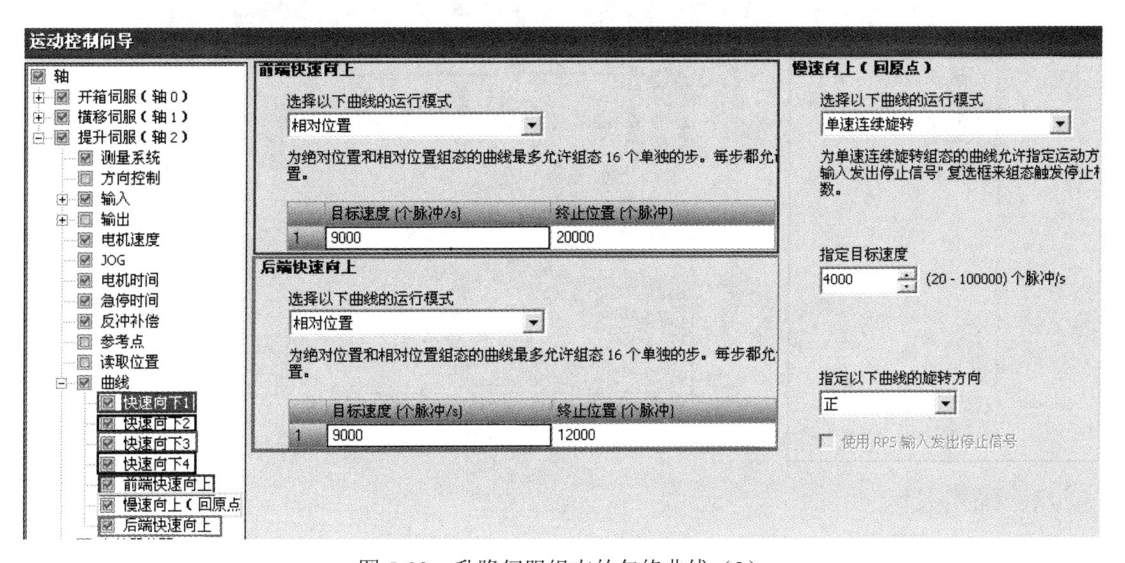

图 5-32　升降伺服组态的包络曲线（2）

（6）运动指令生成

在各轴的“组件”组态画面中勾选所需要的命令后，运动控制向导会自动创建运动指令（子程序），如图 5-33 所示，并添加到指令树中的“调用子程序”文件夹中，用户可以在程序中调用这些指令完成轴的运动控制。

2. I/O 映射

按上述步骤依次组态各轴，当所有轴的组态完成后再单击“下一个”进入“映射”组态画面。本任务中所用的 I/O 映射列表如图 5-34 所示。再单击“下一个”，单击“生成”，则系统将生成所组态的组件，整个组态任务完成。否则，可单击“上一步”返回之前步骤进行修改和完善。

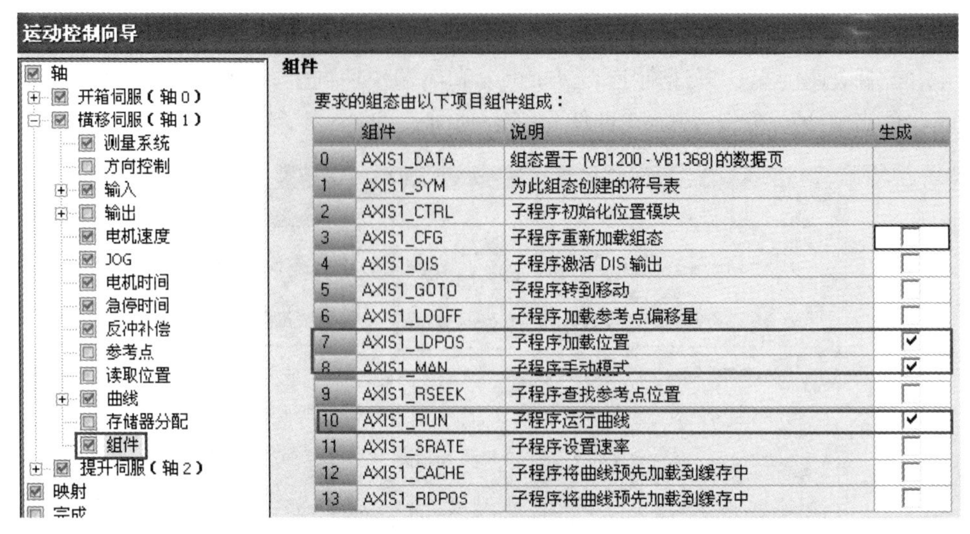

	组件	说明	生成
0	AXIS1_DATA	组态置于（VB1200 - VB1368）的数据页	
1	AXIS1_SYM	为此组态创建的符号表	
2	AXIS1_CTRL	子程序初始化位置模块	
3	AXIS1_CFG	子程序重新加载组态	☐
4	AXIS1_DIS	子程序激活 DIS 输出	☐
5	AXIS1_GOTO	子程序转到移动	☐
6	AXIS1_LDOFF	子程序加载参考点偏移量	☐
7	AXIS1_LDPOS	子程序加载位置	☑
8	AXIS1_MAN	子程序手动模式	☑
9	AXIS1_RSEEK	子程序查找参考点位置	☐
10	AXIS1_RUN	子程序运行曲线	☑
11	AXIS1_SRATE	子程序设置速率	☐
12	AXIS1_CACHE	子程序将曲线预先加载到缓存中	☐
13	AXIS1_RDPOS	子程序将曲线预先加载到缓存中	☐

图 5-33　组件组态画面

运动控制向导

轴
开箱伺服（轴0）
横移伺服（轴1）
提升伺服（轴2）
映射
完成

映射

I/O 映射表

	轴	类型	地址
0	轴 0	LMT-	I0.1
1	轴 0	P0	Q0.0
2	轴 0	P1	Q0.2
3	轴 1	LMT-	I0.3
4	轴 1	P0	Q0.1
5	轴 1	P1	Q0.7
6	轴 2	LMT-	I0.5
7	轴 2	P0	Q0.3
8	轴 2	P1	Q1.0

图 5-34　映射列表画面

六、程序设计

1. 整体程序结构

程序可按主要功能设置不同的子程序，以方便管理。本系统采用的程序结构如图 5-35 所示，除了运动向导所生成的各轴运动控制子程序外，系统还设有 9 个子程序，分别是手动程序（Manual）、自动程序（Auto）、报警源（Alarm source）、报警响应（Alarm respond）、整理推包、装箱、吸箱、气缸复位（CYLINDER RESET）和伺服复位（SERVO RESET）。整体程序的调用关系如图 5-35 所示。

2. 本任务程序设计

编写有关运动控制的程序时要特别注意，除了初始化指令（如 AXIS0_CTRL）调用外，同一运动轴在同一时间只能激活一条移动控制指令（如 AXIS0_MAN、AXIS0_RUN、AXIS0_GOTO 等）。

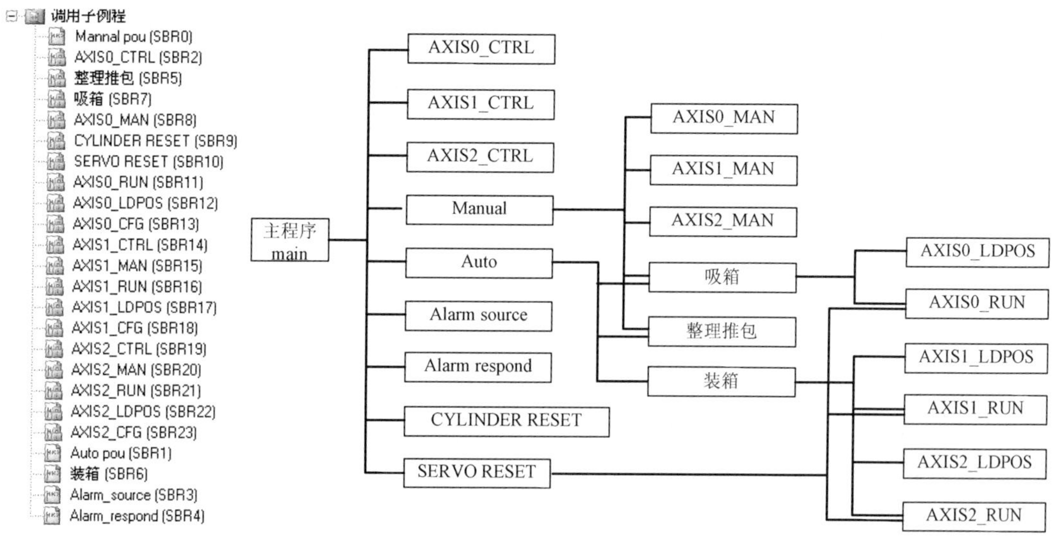

图 5-35　子程序及程序调用结构

（1）主程序 Main（见图 5-36）

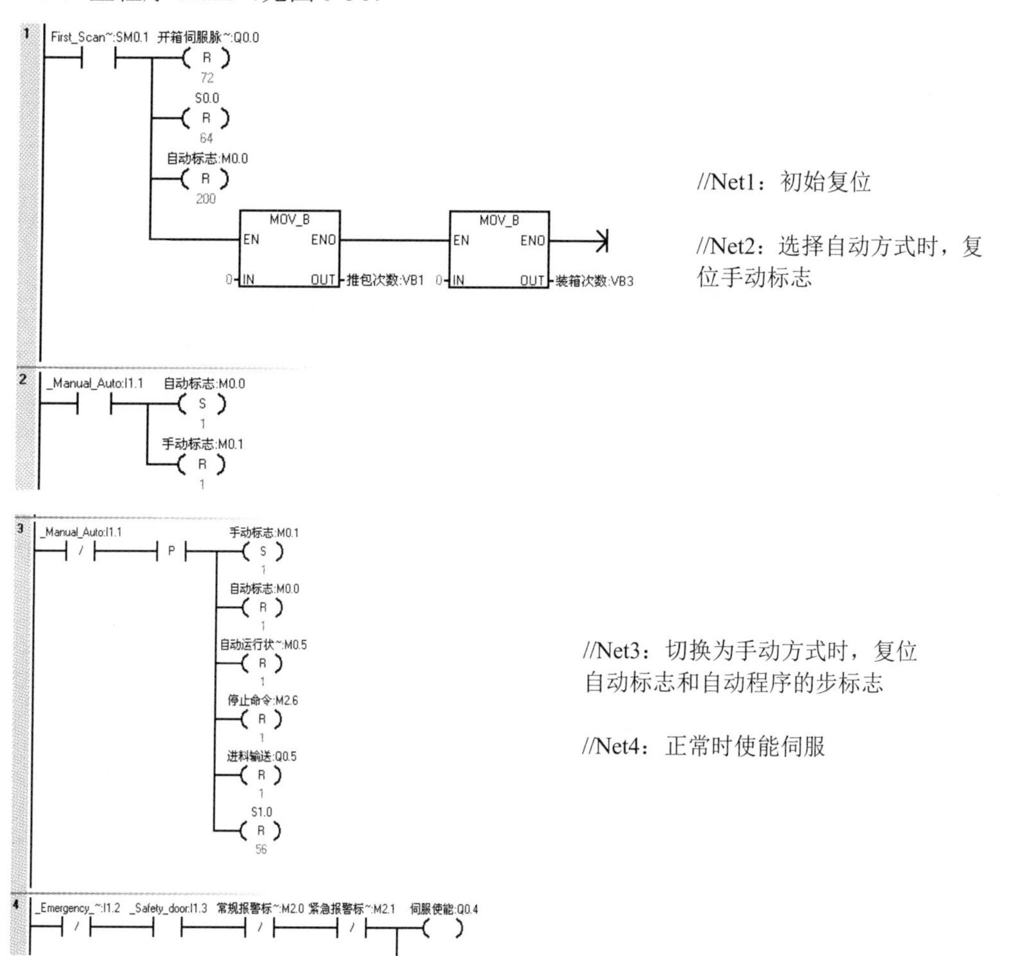

//Net1：初始复位

//Net2：选择自动方式时，复位手动标志

//Net3：切换为手动方式时，复位自动标志和自动程序的步标志

//Net4：正常时使能伺服

图 5-36　主程序

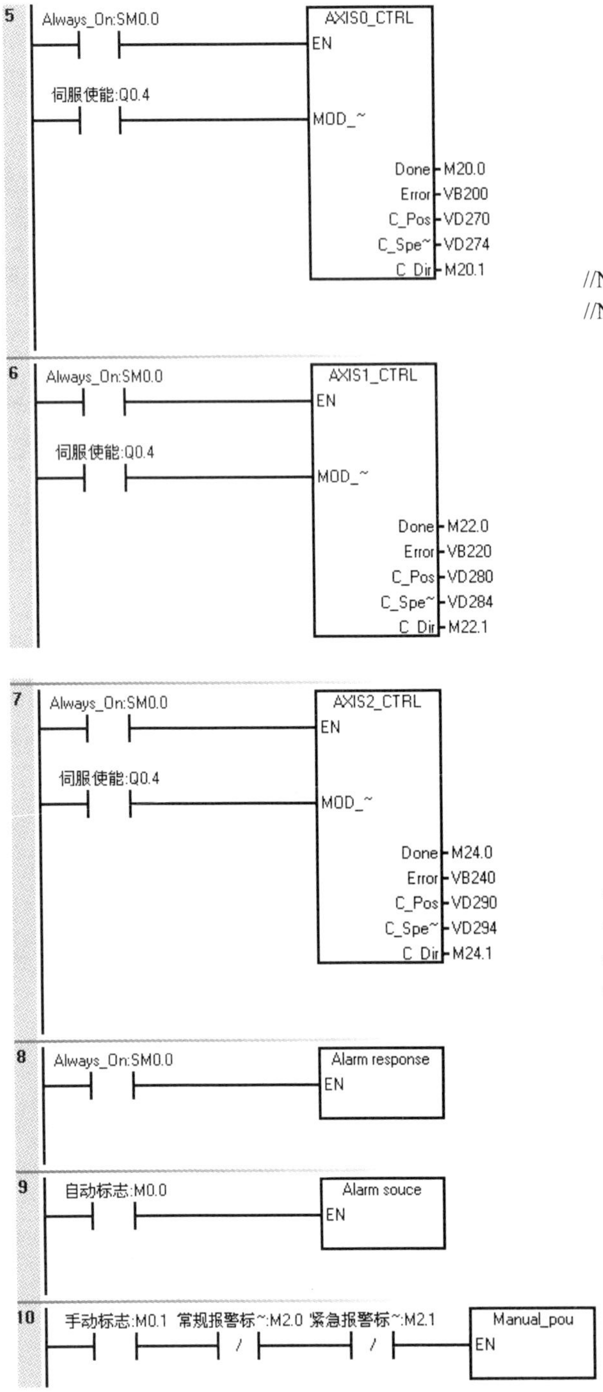

//Net5：初始化轴 0（吸箱伺服）
//Net6：初始化轴 1（横移伺服）

//Net7：初始化轴 2（升降伺服）
//Net8：调用报警响应程序
//Net9：调用报警源激活程序
//Net10：无报警条件调用手动程序

图 5-36　主程序（续图）

11 自动标志:M0.0 Auto pou EN

12 缸复位标志:M0.2 CYLINDER RES~ EN

13 伺服复位标~:M0.3 SERVO RESET EN

14 手动标志:M0.1 _Emergency_~:I1.2 _Reset:I1.0 _Safety_door:I1.3 缸复位完成~:M1.0 缸复位标志:M0.2 S 1 T44 IN TOF 1 PT 100 ms 开箱伺服原点:I0.0 伺服复位~:V102.1 伺服复位标~:M0.3 S 1 提升伺服原点:I0.4 伺服复位完~:M1.1 R 1 横移伺服原点:I0.2 S1.0 R 56

//Net11：调用自动程序
//Net12：调用气缸复位程序
//Net13：调用伺服复位程序
//Net14：手动状态时，可给出气缸复位标志和伺服复位标志；V102.1 为触摸屏上的伺服复位按钮

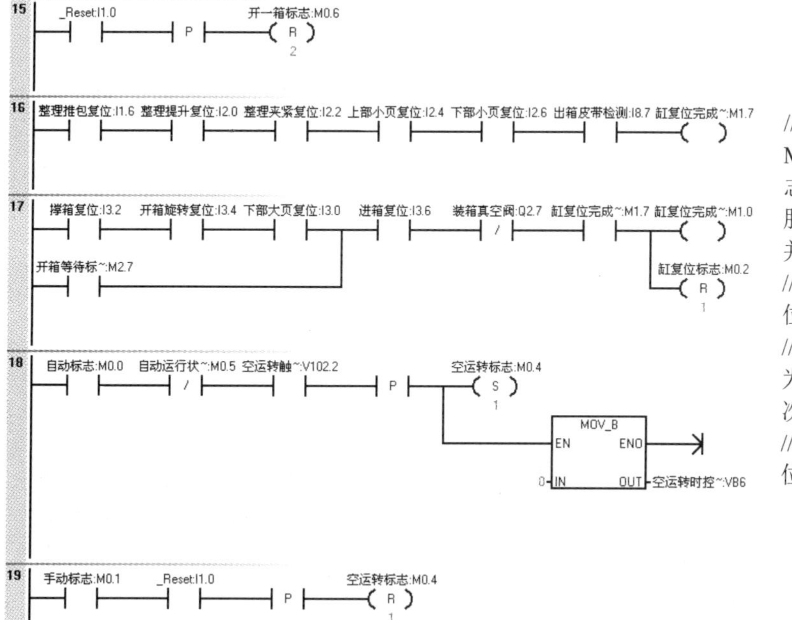

//Net15：复位开一箱标志 M0.6 和手动整理推包标志 M0.7，开一箱是吸箱伺服测试用，只吸取一个箱并移动到位
//Net16、17：输出气缸复位完成标志
//Net18：空运转标志，VB6 为空运转时设置的侧推次数
//Net19：手动状态下，复位时清除空运转标志

图 5-36　主程序（续图）

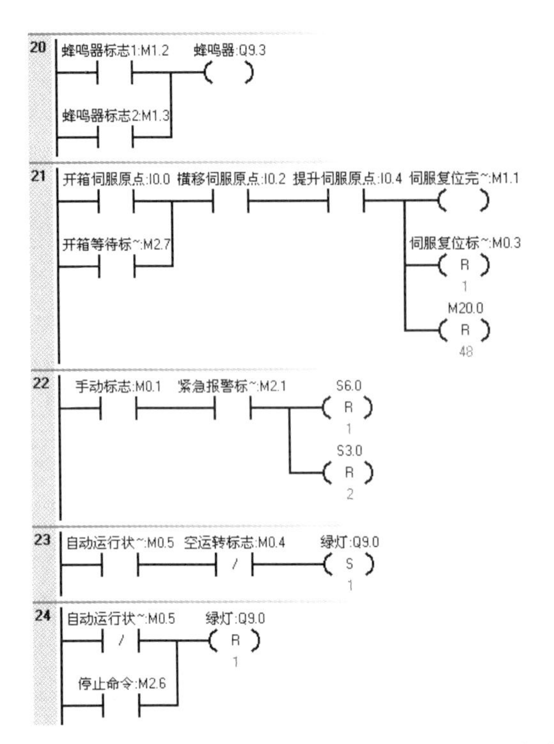

//Net20：蜂鸣器输出
//Net21：各伺服回原点后输出伺服复位完成标志
//Net22：复位自动程序中的步进标志和吸箱程序的步进标志
//Net23：自动状态下，绿灯亮
//Net24：未自动运行时复位绿灯

图 5-36 主程序（续图）

说明：以下程序只分析与装箱系统相关的部分。

（2）手动程序（见图 5-37）

装箱系统的手动程序部分主要完成对横移伺服和升降伺服进行正反向点动操作的任务。

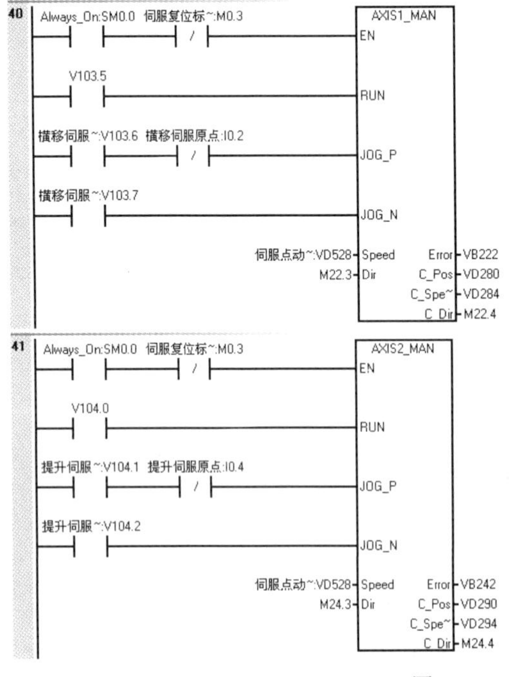

//Net40：V103.5 和 V103.6 为屏上的用于横移伺服正反向点动操作的按钮，VD528 指定移动的速度。
V103.5 未与外部关联，为未使用的 RUN 信号，Dir 为 RUN 命令启动时的移动方向控制信号

//Net41：V104.1 和 V104.2 为屏上的用于升降伺服正反向点动操作的按钮，VD528 指定移动的速度。V104.0 为未使用的 RUN 信号

图 5-37 手动程序

（3）自动程序（见图 5-38）

自动程序除完成散包整理、层包推送和出箱输送等控制功能外，主要完成自动状态控制及装箱子程序的调用。

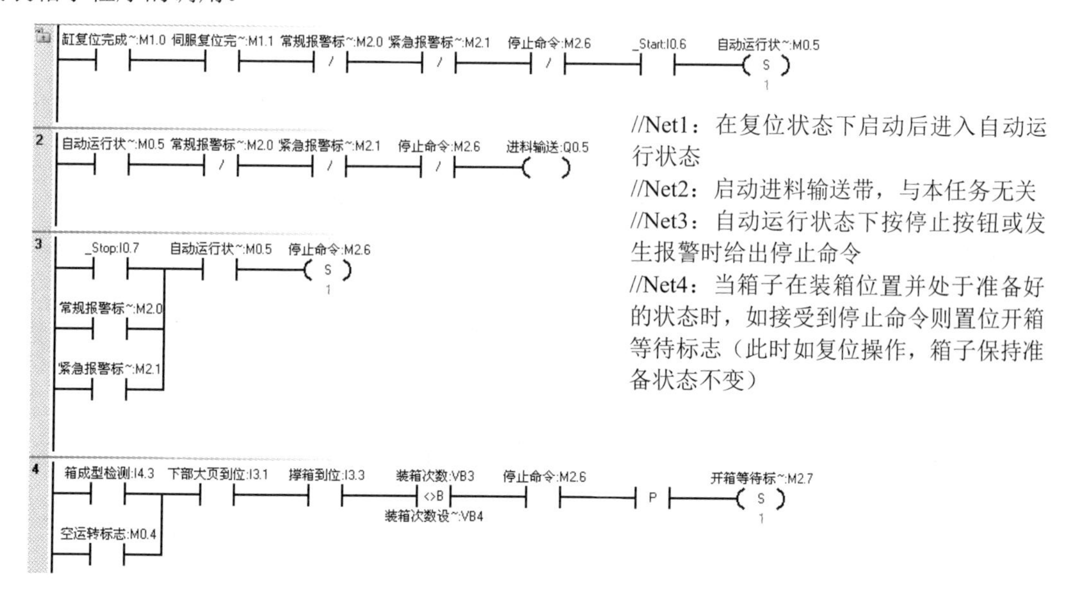

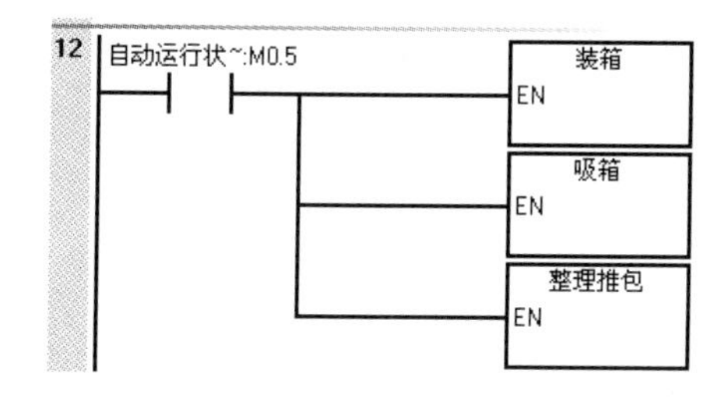

//Net12：自动运行调用装箱等子程序

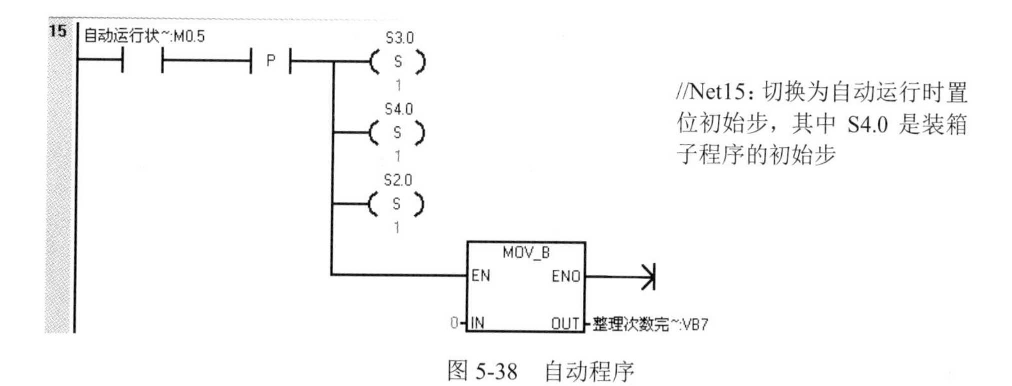

图 5-38 自动程序

（4）装箱程序（见图 5-39）

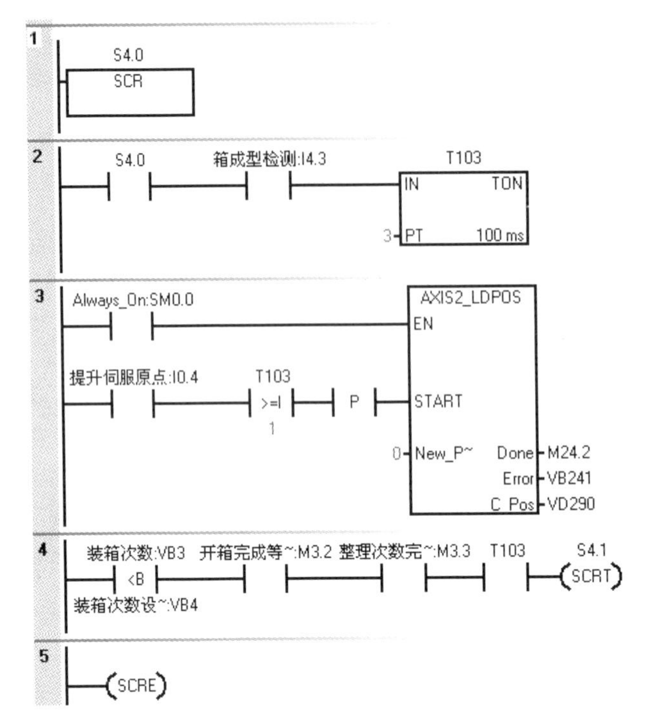

//Net1：S4.0 步是升降伺服运动控制的初始步。
//Net2、3：T103 是用于产生一个脉冲以启动装载新位置值（New_pos）指令（AXIS2_LDPOS），以免重复执行
//Net4：空箱已准备好（M3.2=1）、层料也准备好（M3.3=1），箱子未装满的条件下，短延时到后转移到下一步
//Net5：步结束

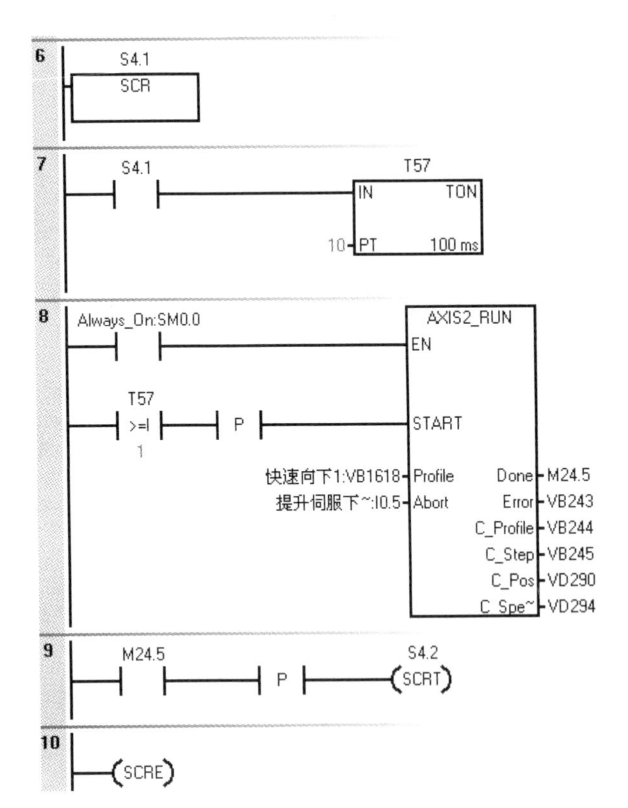

//Net6：S4.1 步是升降伺服执行“快速向下 1”包络步
//Net7、8：T57 是用于产生一个脉冲以启动运行（AXIS2_RUN）指令，以免重复执行，I0.5 为下限位信号
//Net9：当此包络执行完成即转移到下一步
//Net10：步结束

图 5-39　装箱程序

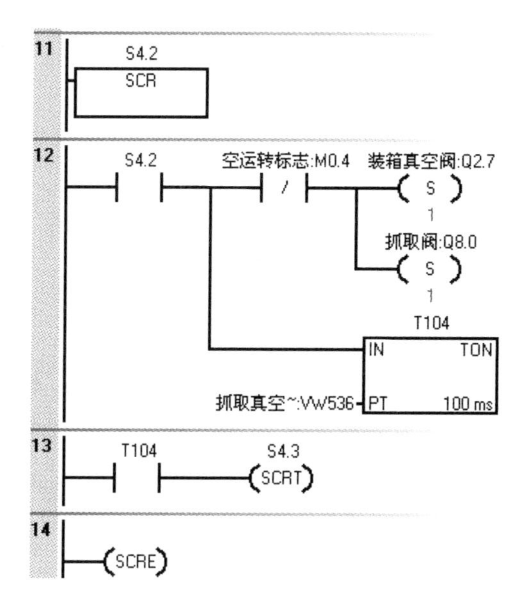

//Net11：S4.2 启动装箱真空阀吸取料的步标志
//Net12：启动真空阀并经 T104 延时，确保吸牢层料（抓取阀备用动作，暂未使用）
//Net13：延时到则转移到下一步
//Net14：步结束

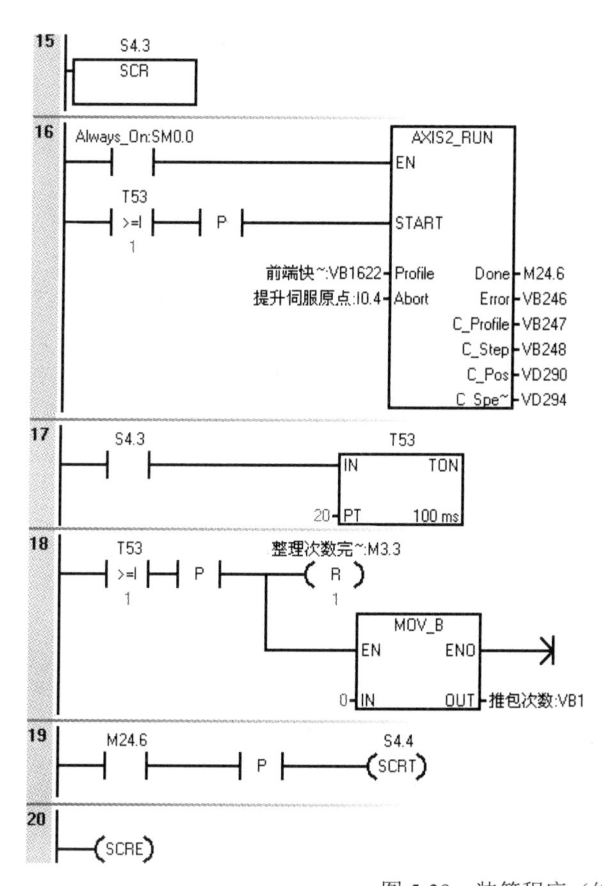

//Net15：S4.3 启动升降伺服“前端快速向上包络”的步标志
//Net16：升降伺服抓取层料后快速向上，T53 是用于产生一个脉冲以启动运行（AXIS2_RUN）指令，以免重复执行
//Net17：启动产生脉冲的定时器 T53
//Net18：定时器脉冲将整理完成标志 M3.3 和推包次数 VB1 复位
//Net19：包络完成后则转移到下一步
//Net20：步结束

图 5-39　装箱程序（续图）

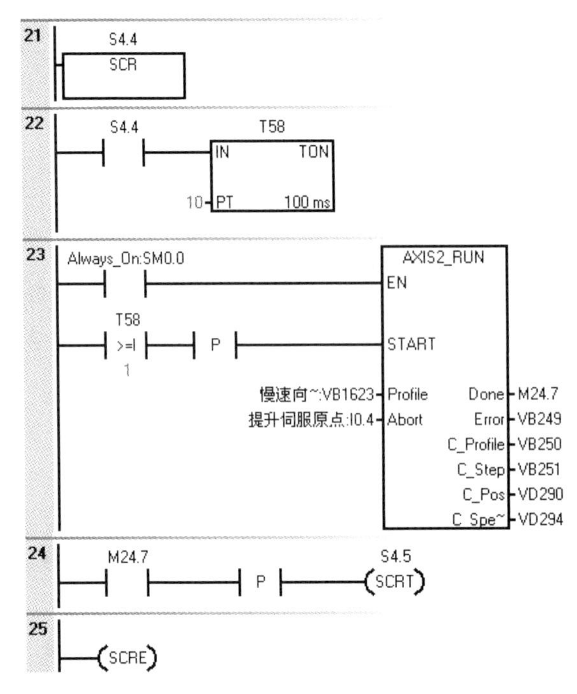

//Net21：S4.4 启动升降伺服“慢速向上回原点”的步标志
//Net22：T58 产生一个脉冲用于启动运行（AXIS2_RUN）指令，以免重复执行
//Net23：升降伺服慢速向上回原点
//Net24：包络完成后则转移到下一步
//Net25：步结束

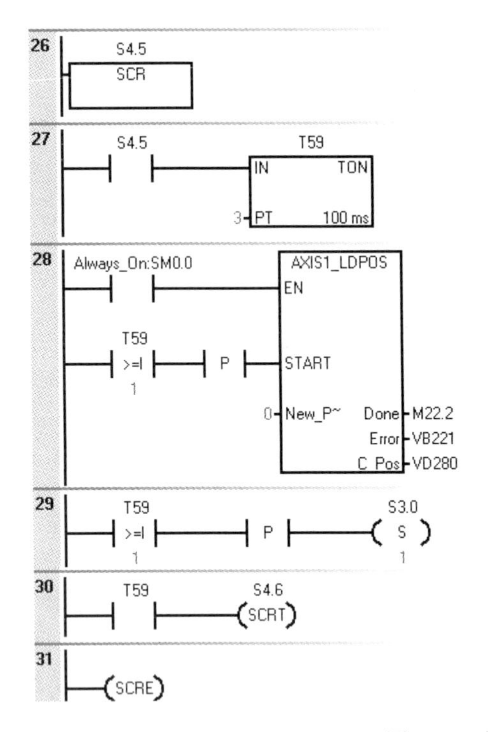

//Net26：S4.5 启动横移伺服装载当前位置（清零）的步标志
//Net27：T58 产生一个脉冲用于启动装载（AXIS1_LDPOS）指令，以免重复执行
//Net28：横移伺服当前位置清零
//Net29：置位 S3.0 步
//Net30：延时后则转移到下一步
//Net31：步结束

图 5-39　装箱程序（续图）

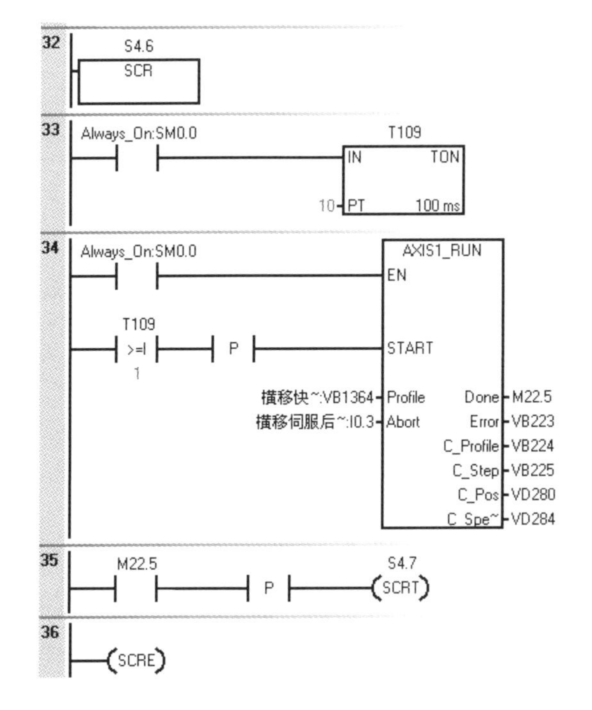

//Net32：S4.6 启动横移伺服快速向后去装箱的步标志
//Net33：T109 产生一个脉冲用于启动运行（AXIS1_RUN）指令，以免重复执行
//Net34：横移伺服快速向后去装箱位置
//Net35：包络完成则转移到下一步
//Net36：步结束

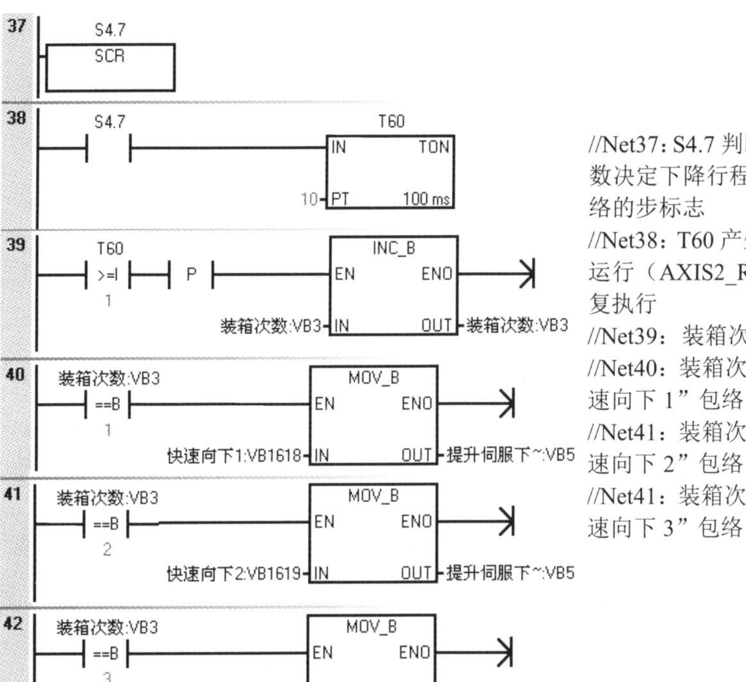

//Net37：S4.7 判断升降伺服的装箱次数决定下降行程，并启动相应运动包络的步标志
//Net38：T60 产生一个脉冲用于启动运行（AXIS2_RUN）指令，以免重复执行
//Net39：装箱次数加 1 计数
//Net40：装箱次数为 1 时，调用“快速向下 1”包络
//Net41：装箱次数为 2 时，调用“快速向下 2”包络
//Net41：装箱次数为 3 时，调用“快速向下 3”包络

图 5-39　装箱程序（续图）

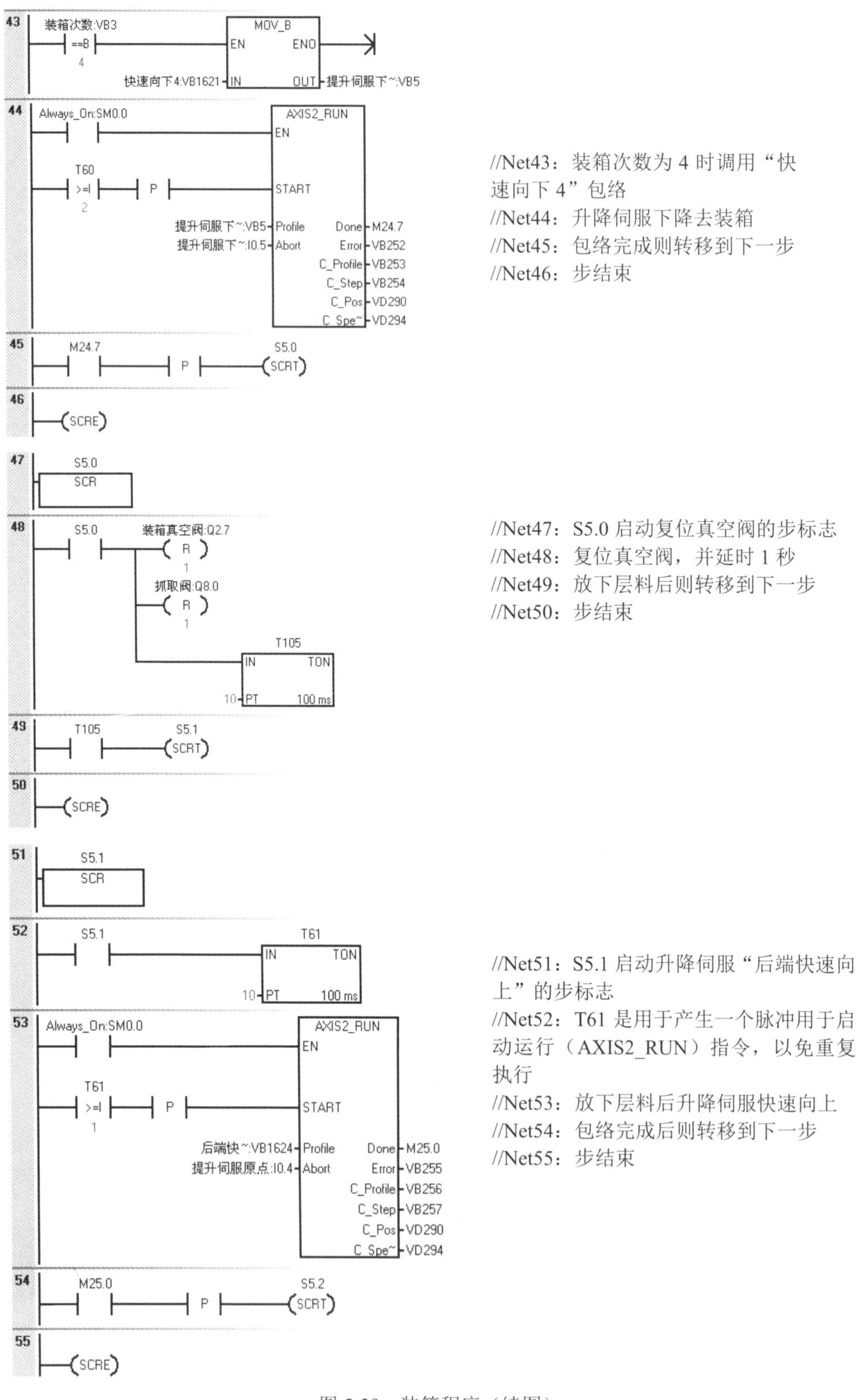

//Net43：装箱次数为 4 时调用“快速向下 4”包络
//Net44：升降伺服下降去装箱
//Net45：包络完成则转移到下一步
//Net46：步结束

//Net47：S5.0 启动复位真空阀的步标志
//Net48：复位真空阀，并延时 1 秒
//Net49：放下层料后则转移到下一步
//Net50：步结束

//Net51：S5.1 启动升降伺服“后端快速向上”的步标志
//Net52：T61 是用于产生一个脉冲用于启动运行（AXIS2_RUN）指令，以免重复执行
//Net53：放下层料后升降伺服快速向上
//Net54：包络完成后则转移到下一步
//Net55：步结束

图 5-39 装箱程序（续图）

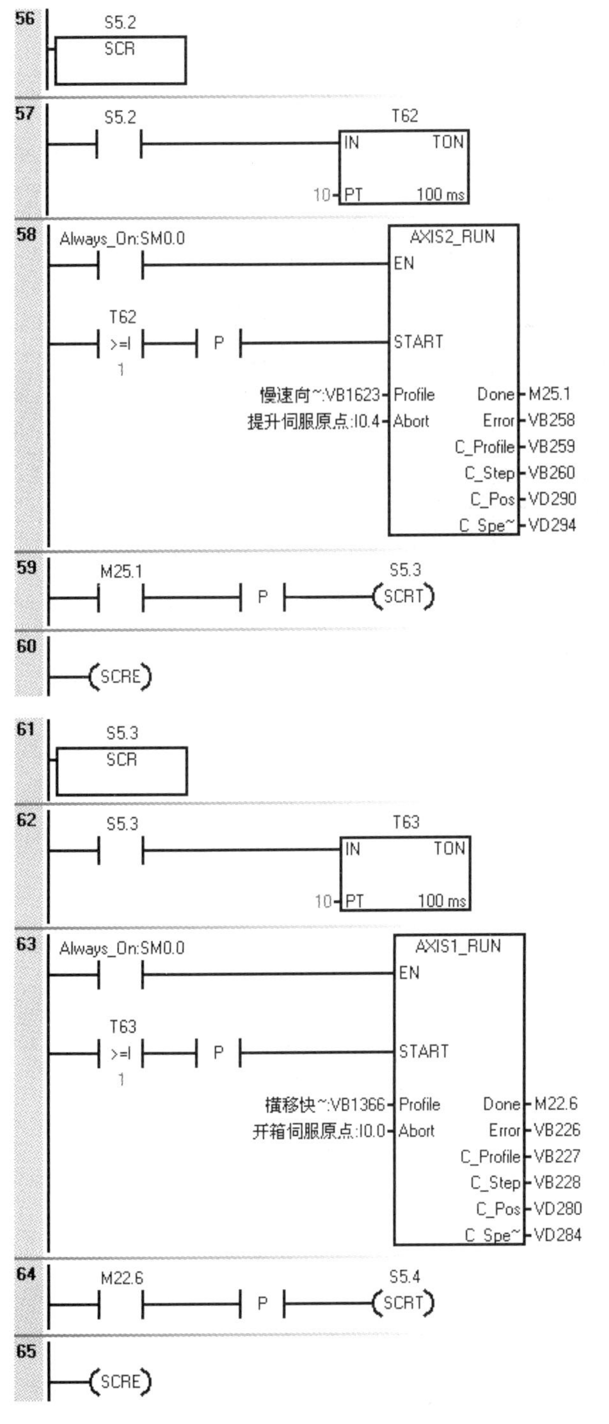

//Net56：S5.2 启动升降伺服“慢速向上回原点”的步标志
//Net57：T62 产生一个脉冲用于启动运行（AXIS2_RUN）指令，以免重复执行
//Net58：升降伺服慢速向上回原点
//Net59：包络完成后则转移到下一步
//Net60：步结束

//Net61：S5.3 启动横移伺服“快速向前”的步标志
//Net62：T63 产生一个脉冲用于启动运行（AXIS1_RUN）指令，以免重复执行
//Net63：横移伺服快速向前去抓取物料
//Net64：包络完成后则转移到下一步
//Net65：步结束

图 5-39　装箱程序（续图）

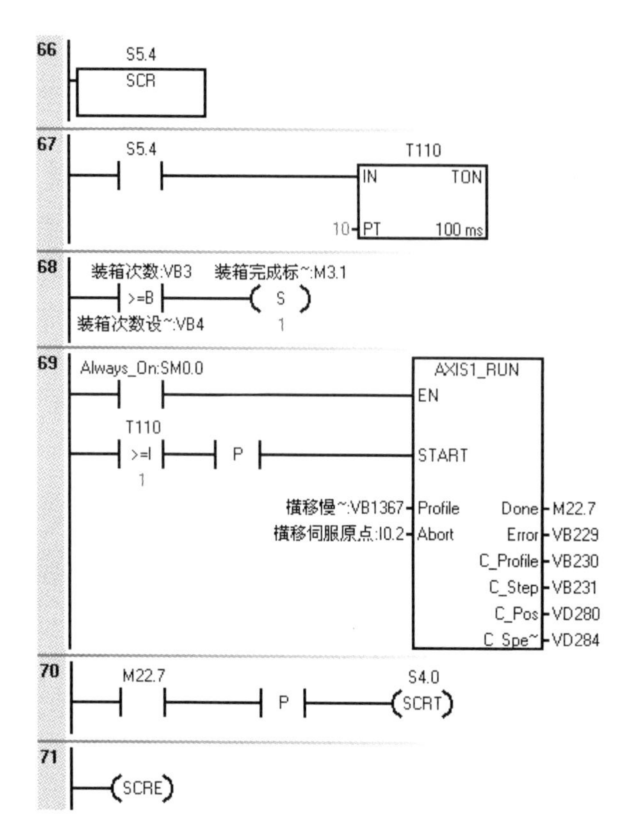

//Net66：S5.4 启动横移伺服“慢速回原点”的步标志

//Net67：T110 产生一个脉冲用于启动运行（AXIS1_RUN）指令，以免重复执行

//Net68：置装箱完成标志 M3.1

//Net69：横移伺服回原点

//Net70：包络完成后则转移到 S4.0，重复前述的装箱步骤

//Net71：步结束

图 5-39　装箱程序（续图）

（5）报警源和报警相应程序（见图 5-40）

报警源子程序（Alarm_source）

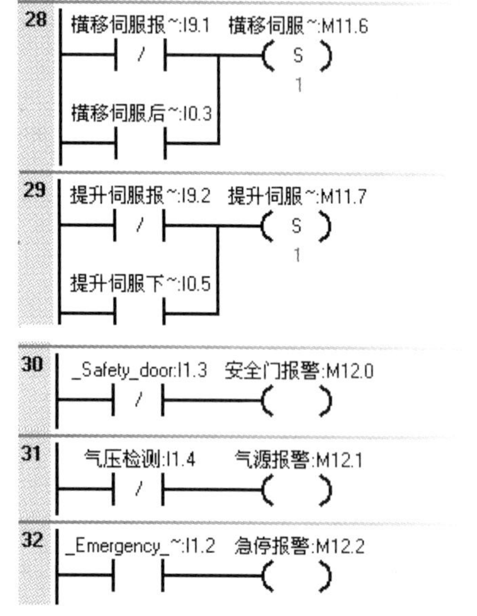

//Net28：横移伺服驱动器报警或撞后限位时，置位报警标志 M11.6

//Net29：提升伺服驱动器报警或撞下限位时，置位报警标志 M11.7

//Net30：安全门报警

//Net31：气源压力不足报警

//Net32：急停报警

图 5-40　报警源子程序

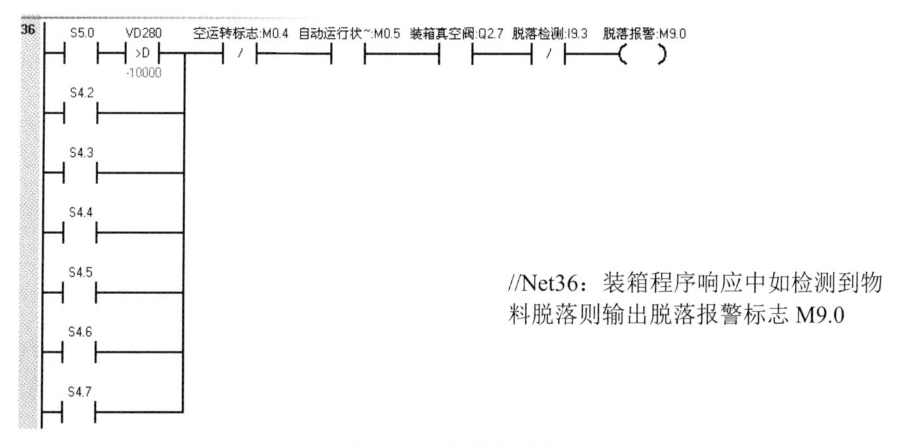

//Net36：装箱程序响应中如检测到物料脱落则输出脱落报警标志 M9.0

图 5-40　报警源子程序（续图）

报警响应子程序（Alarm_respond）（见图 5-41）

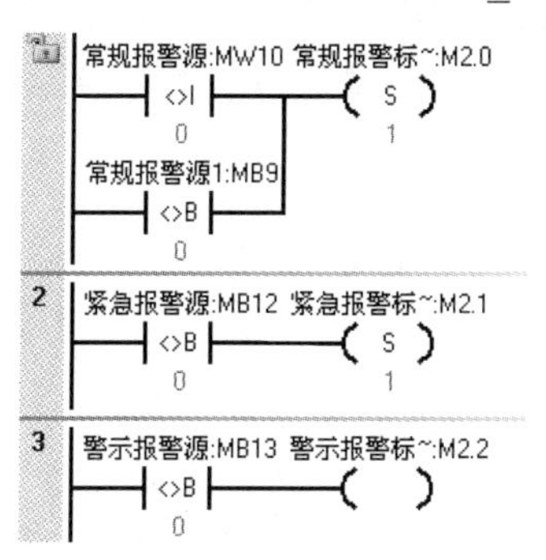

//Net1：由常规报警源信号生成常规报警标志 M2.0

//Net2：由紧急报警源信号生成紧急报警标志 M2.1

//Net3：由警示报警源信号生成警示报警标志 M2.0

图 5-41　报警响应子程序

学生活动：请结合上述装箱子程序、报警源子程序和报警响应子程序，说明在装箱过程如发生物料脱落，系统如何报警？如何作出响应动作？

（6）伺服复位程序（见图 5-42）

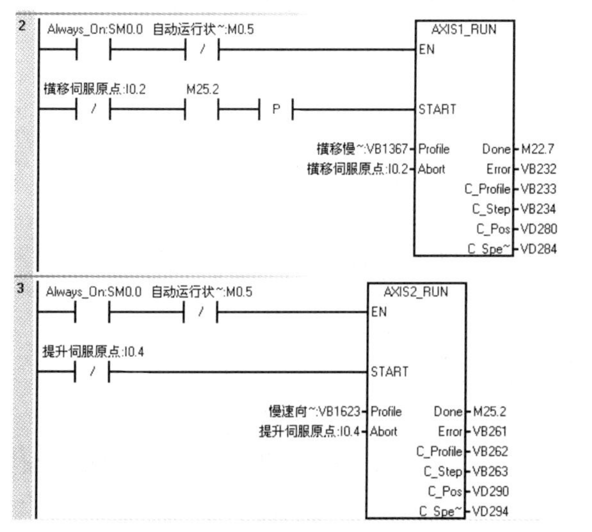

//Net1：为吸箱伺服复位程序，未列出

//Net2：为横移伺服复位程序，回原点后（I0.2 为 1 时）终止

//Net3：为升降伺服复位程序，回原点后（I0.4 为 1 时）终止

图 5-42　伺服复位程序

学生活动：在伺服复位程序的 Net2 中 M25.2 的脉冲信号（M25.2 P）起什么作用？

七、HMI 组态画面

本任务中使用西门子 Smart 700 IE 型触摸屏，有关触摸屏组态的具体内容此处不作详述，图 5-43 为与本任务相关的几个画面。

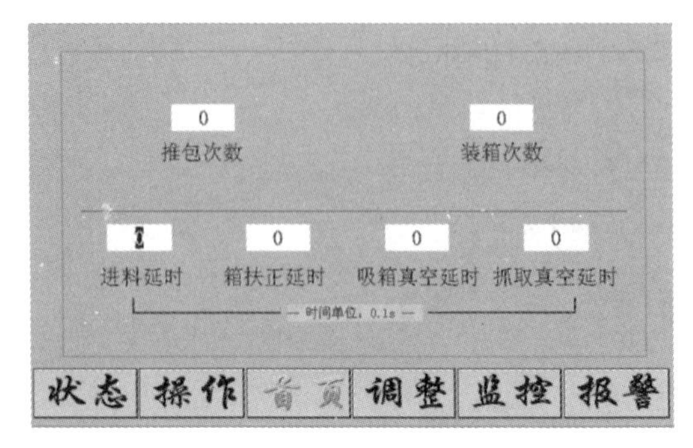

（a）操作画面

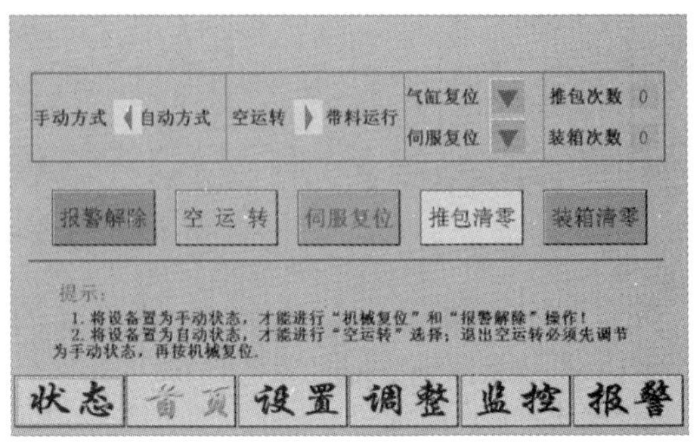

（b）参数设置画面

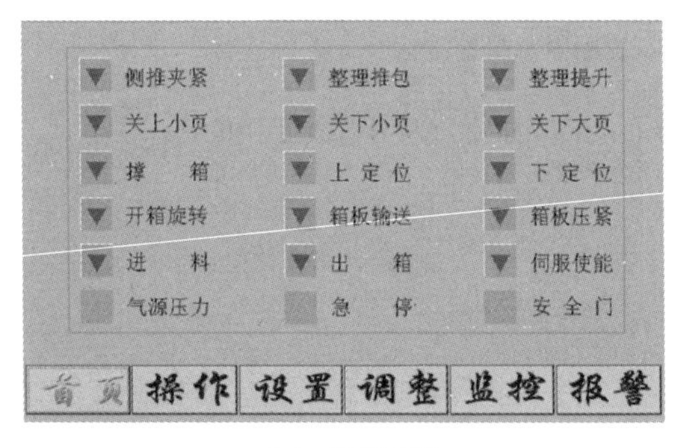

（c）状态画面

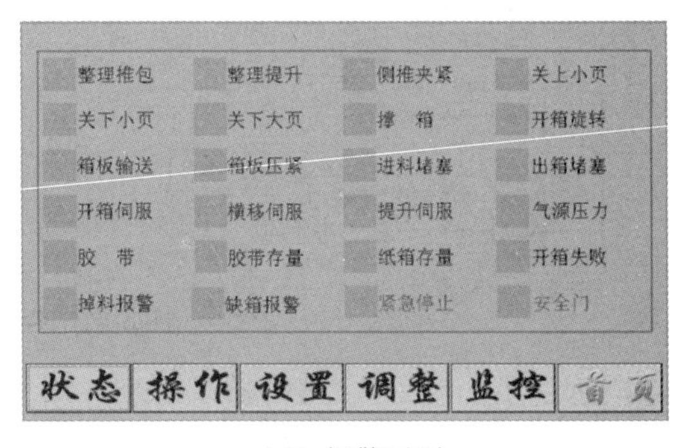

（d）报警画面

图 5-43　HMI 界面

八、调试

1. 通过软件进行伺服电机试运转

软件试运转可以在电机未安装的条件下进行，以确定运转方向或运行状况是否符合要求；当在安装条件下试运转时要注意机械运转的安全性检查。

在与驱动器通信的条件下，单击 PANATERM 5.0 主画面工具栏上的“试运转”按钮，打开试运转画面，如图 5-44 所示。

试运转的操作方法如下：

（1）在图 5-44 所示的动作范围设定画面中，单击“伺服开启/关闭”按钮后，伺服开启。此时如发生警告或错误，排除原因并清除警告后，重复进行上述操作。

（2）在关联参数区域设置相关参数，如 JOG、STEP、ZERO 动作的速度、加减速时间、移动量、等待时间等。选择 JOG 方向后，单击“伺服开启”按钮驱动电动机，移动到合适位置后设定动作范围的最大值和最小值。这一步主要是当联接机械装置运转时进行运动机构的干涉检查，未联接机械装置运转电机时，可按“跳过”键，则不进行动作范围检查。

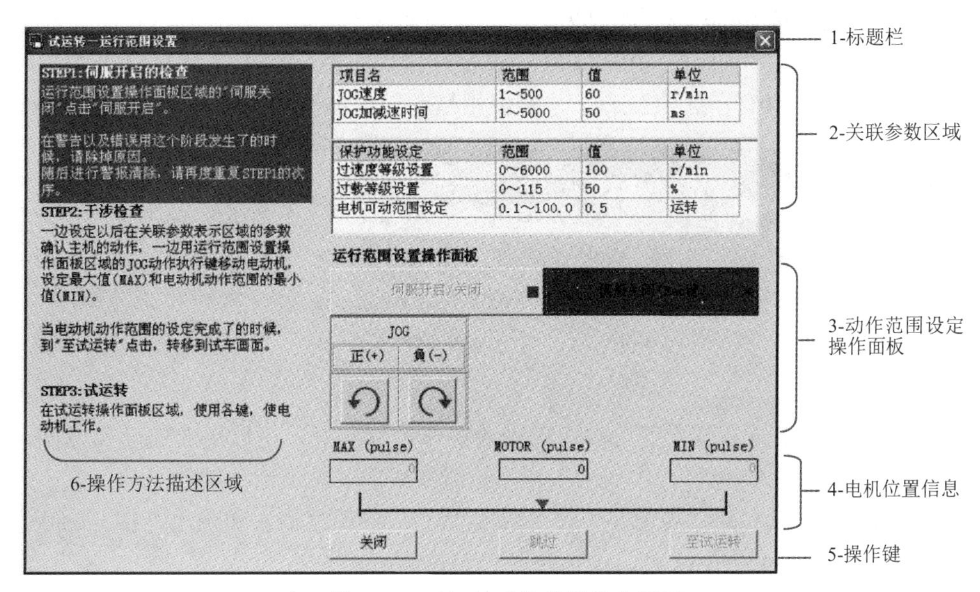

图 5-44　试运转动作范围设定画面

（3）干涉检查完成后单击“至试运转”按钮，进入试运转画面。在图 5-45 所示的试运转画面中单击相关功能键，如点动（JOG）、步进（STEP）、暂停（PAUSE）等，进行试运转测试。

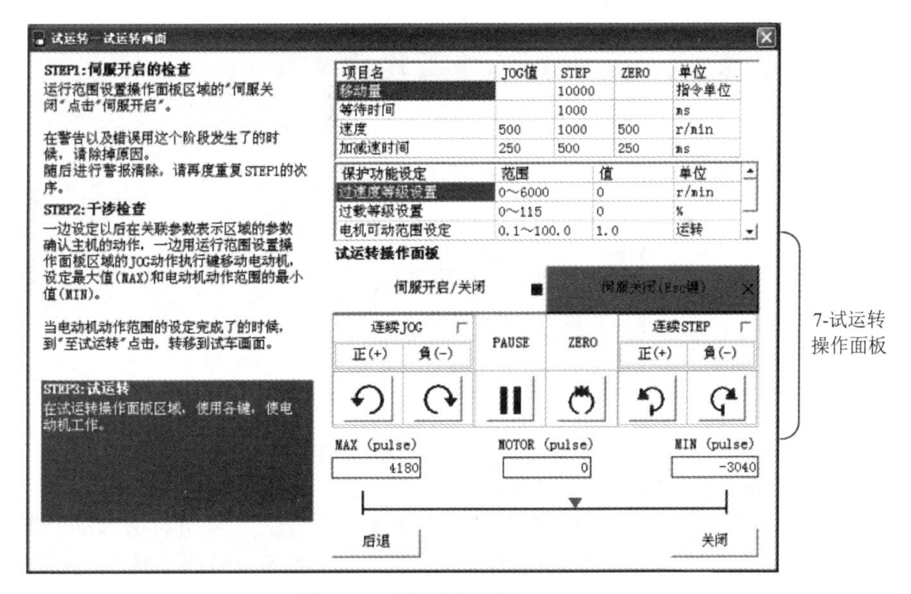

图 5-45　试运转画面

2. 利用运动控制面板进行伺服调试

STEP 7-Micro/Win SMART 集成了运动控制面板，使用运动控制面板可检查运动轴接线是否正确、调整组态数据和测试各条运动曲线。

（1）打开运动控制面板

方法之一是在“工具”（Tools）菜单功能区的“工具”（Tools）区域单击“运动控制面板”

（Motion Control Panel）按钮。方法之二是通过在项目树中打开“工具”文件夹，选择“运动控制面板”节点，然后按 Enter 键；或双击“运动控制面板”节点，如图 5-46 所示。打开运动控制面板时，会自动调用“通信”功能与 PLC 进行连接，并进行 CPU 和 SMART 中的程序比较，以确保组态相同。只有在连接状态下才能使用运动控制面板的调试功能。

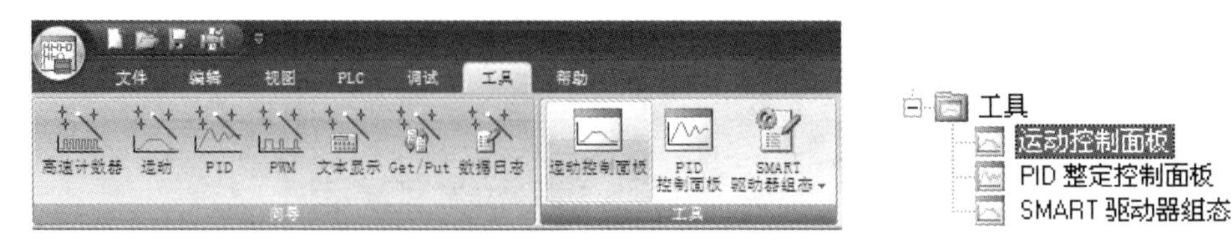

图 5-46 打开运动控制面板的方法

（2）操作

在“操作”（Operation）节点下可与运动轴的操作进行交互，可以更改速度和方向、停止和启动运动轴或点动运行；也可在“状态”和“当前曲线”中显示运动轴的当前速度、当前位置、当前方向和当前运动包络、当前步，在“错误/状态”中观察输入和输出 LED 的状态（脉冲 LED 除外），如图 5-47 所示。

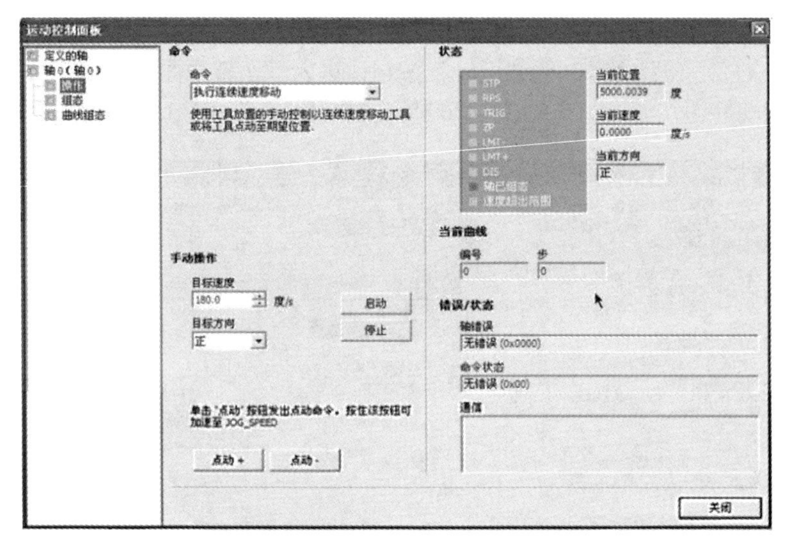

图 5-47 运动控制面板——操作画面

可以选择的操作命令包括“执行连续速度移动”“查找参考点”“加载参考偏移量”“重新加载当前位置”“激活或取消 DIS 输出”“移动到绝对位置”“以相对量移动”和“执行曲线”等。执行的方法是选择命令，如选择“执行曲线”，再选择相应的参数，通过下拉列表选择相应的包络号（Profile），再单击“执行”或“中止”命令启停运动轴。

通过上述操作，检查各轴的信号连接是否正确，可测试各轴的每一条运动曲线是否运行正常，方向是否符合要求。

学生活动：通过运动控制面板操作执行横移轴和升降轴的运动包络。

注意：在 CPU 运行时无法通过面板执行运动控制命令，即 CPU 必须处于 STOP 模式才能更改速度和方向、停止和启动运动以及使用点动工具。退出面板 5 秒后，运动自动停止。

（3）组态

在“组态”（Configuration）节点，可查看和修改存储在 CPU 数据块中的运动轴组态参数。在修改组态设置后，单击“写入”按钮便可将数据值传到 CPU。

注意：此处的修改不反映到编程软件 STEP 7-Micro/Win Smart 的项目中。

（4）显示曲线组态

在“曲线组态”（Profile Configuration）节点，可查看运动轴每条曲线的组态。单击各曲线可查看其工作模式和数据值，并可进行修改。在修改参数后，单击“写入”按钮更新到 CPU 中。

3. 系统调试

（1）接线校对。仔细检查接线，尽量防止错接、漏接。

（2）系统信号校对。首先核对输入信号是否接错或动作是否正确；再校对触摸屏上控制信号地址与程序的对应关系。

（3）基本动作校对。运行手动程序，逐一核对单个动作的正确性；再通过一些组合动作的命令，检查组合动作的正确性及先后、协调关系。

（4）自动运行。执行自动程序，检查系统运行的协调性及整体动作的配合，并进行适当调整。

（5）报警动作演示。模拟报警产生的条件，观察报警信号能否正确输出。

（6）正常运行。在上述调试完成后，可带料进行生产，连续监控不少于 2 小时。正常运行一段时间后可交付使用。

【任务评价】

考核项目		考核要求	配分	评分标准	扣分	得分	备注
态度（20 分）	出勤	不迟到早退，不无故缺勤	10	缺勤 1 学时，扣 0.5 分 迟到早退 1 次，扣 0.5 分 请假 2 学时，扣 0.5 分			
	文明	无违纪现象	5	严重违纪，项目 0 分处理 安全事故，项目 0 分处理 其他情况酌情扣 1～5 分			
	主动性	主动学习，帮助他人	5	不主动，扣 5 分 一般，扣 2 分 尚好，扣 1 分 好，扣 0 分			
技能（70 分）	安装	正确安装元器件	10	安装不规范，每处扣 2 分			
	配线	动力回路接线 控制回路接线 接线工艺	20	不按图接线，扣 20 分 接错或漏接，每根 2 分 工艺问题，每处扣 1 分			
	程序设计	能在老师程序的基础上，根据任务要求修改各子程序和主程序	20	不会，扣 20 分 不熟练，扣 10 分 不能独立完成，扣 5 分			
	调试	能进行软硬件相互调试	20	不会，扣 20 分 不熟练，扣 10 分 不能独立完成，扣 5 分			

续表

考核项目		考核要求	配分	评分标准	扣分	得分	备注
表达与研究能力（10分）	口头或书面表达	能讲清 SMART 条件下的运动组态步骤、脉冲位置分辨率；了解向导完成的各子程序的含义及调用； 符合行业规范	7	每错1处，扣0.5分			
	研究能力	有一定自学能力，能进行自主分析与设计	3				
总分	总结： 1．我在这些方面做得很好 2．我在这些方面还需要提高						

【思考与练习题】

有一种伺服电动机同轴安装的光电编码器，指标为1024Pul/r，该伺服电动机与螺距为6mm的丝杠直连，在位置控制伺服中断4ms内，光电编码器输出脉冲信号经过4倍频处理后，共计脉冲数码2K（1K=1024），问：

（1）倍频的作用是什么？

（2）工作台的直线位移是多少毫米？

（3）伺服电动机的转速为多少？

（4）怎么判断伺服电动机的旋转方向？

项目六　直流电机调速系统

直流电机具有低速运行平稳、力矩大、噪音低的特点。直流电机的控制方式分为模拟调速模式和内部速度模式两种，控制方式简单，一般用在低精度控制系统中。本项目要完成由直流电机控制的材料分拣装置设计：按下启动按键，并且检测到传送带上有工件时，直流电机工作，从而使传送带带动工件前行。若检测到此工件为金属材质，则分拣到 A 站，若为非金属塑料材质，则分拣到 B 站。按下停止按键，整个循环停止。

任务 1　直流电机调速

【学习目标】

一、基本目标

1．学会通过模拟量控制直流电机速度。
2．掌握直流电机的工作原理及接线。
3．了解直流无刷电机控制器的接线。

二、提高目标

1．能对照手册确认直流无刷电机的故障，并对故障进行排除。
2．能根据需求熟练进行模拟量输入控制。

【任务描述及准备】

一、任务描述

按下启动按钮，直流电机启动，以一定速度运行，可通过加减按键控制速度。按下停止按钮，直流电动机停止运行。

二、所需工具设备

1．直流无刷电机 92BL(1)A20-15H，1 台。
2．直流无刷电机驱动模块 BLDB-1021A2，1 只。
3．CPU224XP（DC/DC/DC）的西门子 PLC，1 台。
4．小型断路器 DZ47-D4，1 只。
5．明纬开关电源 SDR-75-24，1 个。
6．按钮，4 个。
7．常用电工工具，1 套。

8．软导线 RV1.0mm^2，1 根。

三、完成任务的步骤

1．设计主电路图和 PLC 控制回路及 I/O 分配。
2．根据电路图接线。
3．编写调试程序。
4．调试。

【任务实施】

一、电路图设计

根据控制要求，直流无刷电机接至无刷电机控制器，控制直流无刷电机相关运行。控制回路 PLC 的输入设有启动、停止和加、减按钮；PLC 的输出设有模拟量输出。PLC 的模拟量输出直接控制直流无刷电机驱动模块 Speed，以此来控制速度。请根据任务要求，完成电路图。参考电路见图 6-1。

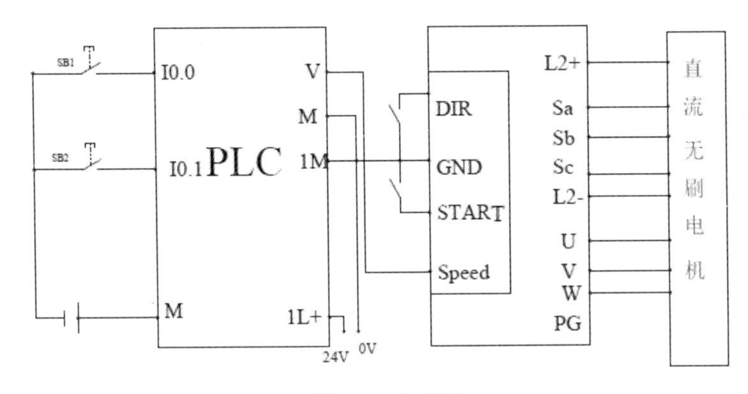

图 6-1 电路图

学生活动：完成 I/O 分配及电路图设计。

二、电路接线

根据设计的电路，完成接线。

采用的直流电机：额定功率，150W；额定电压，AC220；额定转速，1500r/min；额定转矩，0.955N • m；额定电流，0.945A。

以下介绍直流无刷电机驱动器。

（一）特点

（1）单电源 DC300V
（2）PWM 脉宽调速
（3）最大驱动电流：20A /相
（4）采用智能 IGBT 模块
（5）8kHz 斩波频率

（6）输入/输出信号采用光电隔离

（7）提供外部 I/O 用的隔离 12V 电源

（8）具有模拟调速模式和内部速度模式

（9）加减速时间可设置

（10）正/反转控制

（11）启/停控制

（12）欠压、过压、过流、过热保护

（13）采用速度闭环驱动，具有低速运行平稳、力矩大、噪音低的特点

（14）有制动功能

（15）内置 RS232 接口，支持 Modbus 通讯协议

（16）开放式结构，低成本

（二）性能指标（见表 6-1 和表 6-2）

表 6-1　电气特性

说明	最小值	典型值	最大值	单位
电源电压（直流）	200	300	400	V
输出相电流			20	A
逻辑输入电平（*）	共阳极，并提供阳极电源 12V			
绝缘电阻	500			MΩ
绝缘强度	1			kV，1 分钟

表 6-2　使用环境及参数

冷却方式		自然冷却
使用环境	场合	避免粉尘、油雾及腐蚀性气体，通风良好
	温度	0℃～+40℃
	湿度	40～90% PH
外形尺寸		
重量		

1．控制连接器座（J7），见图 6-2。

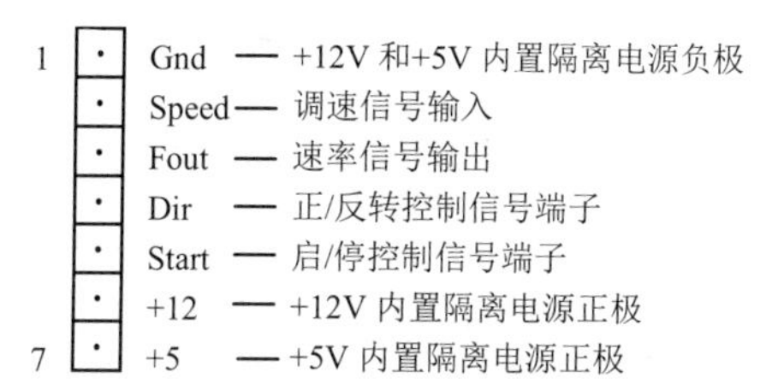

图 6-2　控制信号连接器座

2．传感器连接器座（J8），见图 6-3。

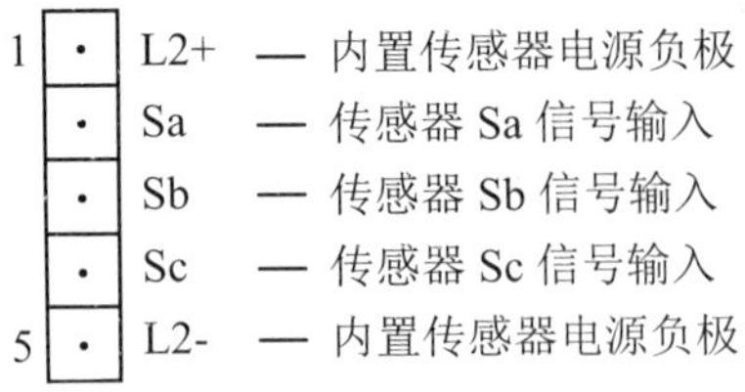

1 L2+ — 内置传感器电源负极
Sa — 传感器 Sa 信号输入
Sb — 传感器 Sb 信号输入
Sc — 传感器 Sc 信号输入
5 L2- — 内置传感器电源负极

图 6-3 传感器接线连接座

3．电机连接器座（J9），见图 6-4。

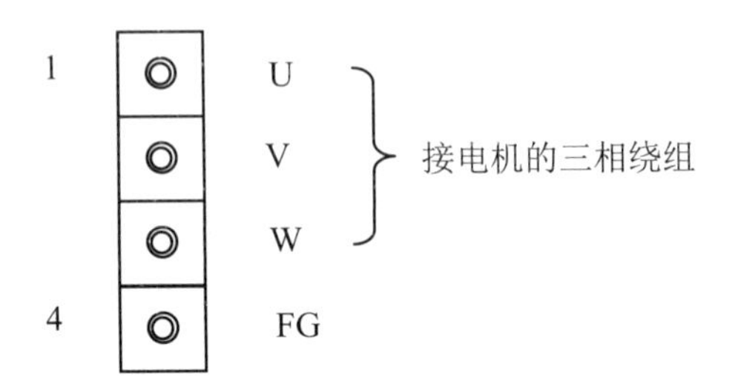

图 6-4 电机接线连接器座

4．供电电源连接器座（J10），见图 6-5。

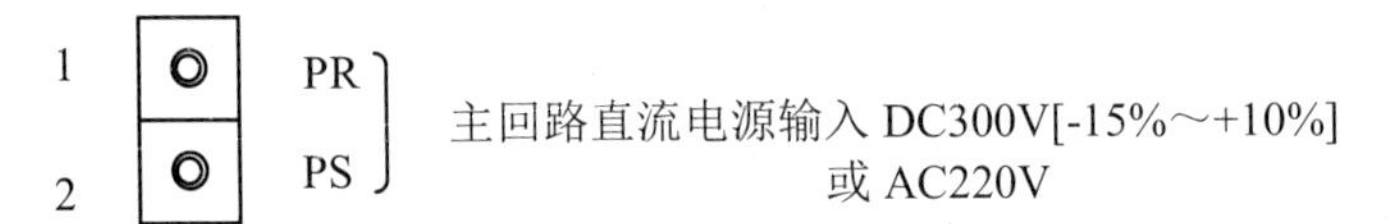

图 6-5 供电回路连接器座

5．控制信号内部原理，见图 6-6。

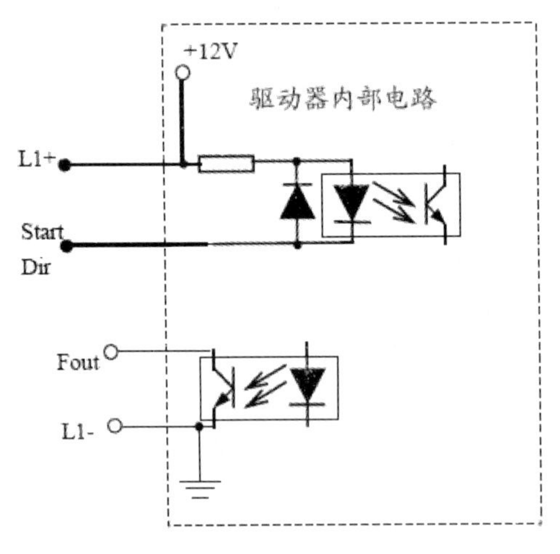

图 6-6 控制信号内部原理图

（三）直流无刷电机驱动器硬件电路板（见图 6-7）。

J7（脚位左到右排列）：1—GND；2—SPEED；3—FOUT；4—DIR（方向信号）；5—ST\SP（启\停信号）；6—+12V；7—+5V。

图 6-7　无刷电机驱动器硬件电路板

J8（脚位左到右排列）：1—+5V（绿）；2—SA（红）；3—SB（黄）；4—SC（蓝）；5—GND（黑）。

J9（脚位左到右排列）：1—U（红）；2—V（黄）；3—W（蓝）；4—FG（黄/绿）。

J10（接交流 220V）。

故障排除：如驱动器与电机连接无法正常运行，请检查 J8 与 J9 接线是否正确（颜色同上）；J7 信号连接是否正确（J7_1 与 J7_5 短接）。

（四）直流无刷驱动器接线要求

驱动器的主回路电源（PR、PS）可以采用单一直流 310V DC 或交流 220V AC 供电。注意直流供电回路接线要短而粗。

U、V、W 为电机接线端子。必须严格按照要求接线，不能像异步电机那样可以通过改变接线实现正反转。不正确的接线会导致电机运行不正常，并可能损坏驱动器。

电机的启动/停止可通过“START”端子控制（只需将“START”与“GND”接通或断开即可）。

电机的转向可通过“DIR”端子控制（只需将“DIR”与“GND”接通或断开即可）。

电机的转速既可通过电位器“W1”控制，也可通过在“GND”与“Speed”端子间接控制电压（输入电压值为 0～5V），电机转速的增益可通过调整监控软件上的 48 号参数来调整。但若要通过端子控制，应将选择器 J4 的 1～2 短接，否则 2～3 短接。

学生活动：请同学们完成接线。

三、程序设计

硬件电路中 START 与 GND 接通，系统启动。DIR 与 GND 接通，正向；若不接通，反向运行。主程序中按下启动按钮后，PLC 模拟量输出控制 Speed，获得直流电机运行速度。若按下停止按钮，PLC 模拟量输出为 0，则停止运行。通过按下加减速按钮，控制 PLC 模拟量输出，以此达到控制直流电机速度的效果。启停程序如图 6-8 所示。

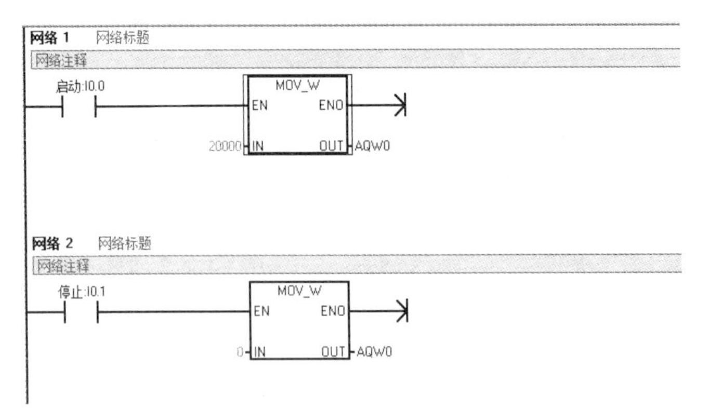

图 6-8 启停程序

学生活动：请同学们完成加减速程序。

四、调试

学生活动：请同学们完成软硬件互调。

【任务评价】

考核项目		考核要求	配分	评分标准	扣分	得分	备注
态度（20分）	出勤	不迟到早退，不无故缺勤	10	缺勤1学时，扣0.5分 迟到早退1次，扣0.5分 请假2学时，扣0.5分			
	文明	无违纪现象	5	严重违纪，项目0分处理 安全事故，项目0分处理 其他情况酌情扣1～5分			
	主动性	主动学习，帮助他人	5	不主动，扣5分 一般，扣2分 尚好，扣1分 好，扣0分			
技能（70分）	安装	正确安装元器件	7	安装不规范，每处扣2分			
	配线	动力回路接线 控制回路接线 接线工艺	14	不按图接线，扣14分 接错或漏接，每根2分 工艺问题，每处扣1分			
	直流无刷电机控制器	能对直流无刷电机控制器进行接线。 能通过 PLC 模拟量控制直流无刷电机的速度	21	不会，扣21分 不熟练，扣10分 不能独立完成，扣5分			
	调试	能进行软硬件相互调试	28	不会，扣28分 不熟练，扣10分 不能独立完成，扣5分			
表达与研究能力（10分）	口头或书面表达	能讲清直流无刷电机工作原理。 能阐述直流无刷电机控制器控制方法	7	每错1处，扣0.5分			

续表

考核项目		考核要求	配分	评分标准	扣分	得分	备注
	研究能力	有一定自学能力，能进行自主分析与设计	3				
总分	总结： 1．我在这些方面做得很好 2．我在这些方面还需要提高						

拓展：知识链接

直流无刷电机工作原理

直流无刷电机是具有梯形反电势波的永磁电机。永磁电机转子采用永磁材料，具有体积小，重量轻，结构简单，运行可靠，效率高等一系列优点。其中，直流无刷电机更因其控制简单的优势在各方面都得到了越来越广泛的应用。

直流无刷电动机主要是由永磁同步电动机本体、转子位置检测器和电子开关线路部分组成的同步电动机自控式变频调速系统，具有类似于直流电动机的调速特性，实质上是以电子换向取代机械换向的直流电机。图 6-9 为星形连接绕组电机的三相全控电路的原理图，其中 L、R、e_a、e_b、e_c 为电机 A、B、C 三相的等效电路的电感、电阻、反电动势，V_1～V_6 为功率开关管，有两种通电方式，分别是二二导通方式和三三导通方式。

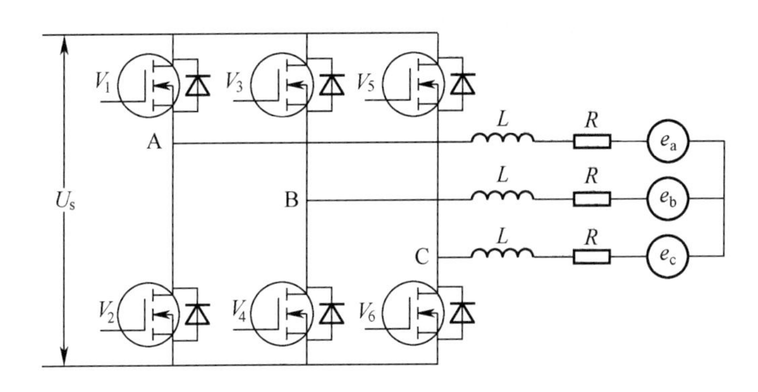

图 6-9　直流无刷电机主电路原理图

以三相绕组直流无刷电机为例，采用星形连接二二导通方式，即每次只导通直流无刷电机的两相，每隔 60° 电角度换相一次，每次换相一个功率开关管。在一个周期内，每个功率管导通 120° 电角度。

两相导通使电枢绕组在空间的合成磁动势与转子磁场相互作用，拖动转子转动。当电机逆时针旋转时，其导通方向为 AB→AC→BC→BA→CA→CB→AB；而当需要电机顺时针方向旋转时，导通方向为 BC→AC→AB→CB→CA→BA→BC。

直流无刷电机的驱动主要完成对电子换向的驱动，以及为三相绕组提供交流电源。

任务2 基于直流无刷电机控制的分拣装置

【学习目标】

1．了解编码器的工作原理、接线。
2．熟悉直流无刷电机的工作方式。
3．比较交流电机和直流电机的区别及各自的优势，能根据需求选择合适的电机。
4．能熟练使用各种传感器进行信号采集。

【任务描述及准备】

一、任务描述

按下启动按键，并且检测到传送带上有工件时，直流无刷电机工作，从而使传送带带动工件前行。若检测到此工件为金属材质，则分拣到A站；若为非金属塑料材质，则分拣到B站。按下停止按键，整个循环停止。可在触摸屏上设置启动、停止及变频器运行速度。

二、所需工具设备

1．直流无刷电机 92BL(1)A20-15H，1台。
2．直流无刷电机驱动模块 BLDB-1021A2，1只。
3．ZSP3004-0001E-200B-5-24C 编码器，1台。
4．CPU224XP（DC/DC/DC）的西门子PLC。
5．小型断路器 DZ47-D4，1只。
6．明纬开关电源 SDR-75-24，1个。
7．按钮，2个。
8．常用电工工具，1套。
9．分拣装置实验台，1台。
10．TP177B color PN/DP WinCC flexible 触摸屏。
11．软导线 RV1.0mm^2，1根。

三、完成任务的步骤

1．设计主电路图和PLC控制回路及I/O分配（参考表6-3）。
2．根据电路图接线。
3．编写程序。
4．调试。

表 6-3　PLC 的 IO 分配

类型	地址	功能
输入 I	I0.0	编码器 A 相
	I0.1	编码器 B 相
	I0.2	物料有无检测传感器
	I0.3	金属检测传感器
	I0.4	尼龙检测传感器
	I0.5	启动
	I0.6	停止
输出 Q	Q0.0	变频器启动
	Q0.1	推料电磁阀
	V	速度

【任务实施】

一、电路图设计

根据控制要求，直流无刷电机接至无刷电机控制器，控制直流无刷电机相关运行。控制回路 PLC 的输入设有启动、停止以及编码器 A、B 相输入，传感器检测；PLC 的输出 VM 模拟量控制直流无刷电机控制器的 Speed，从而控制直流电机的速度；PLC 的输出控制电磁阀动作，实现分拣效果。请根据任务要求，完成电路图。

参考电路如图 6-10 所示。

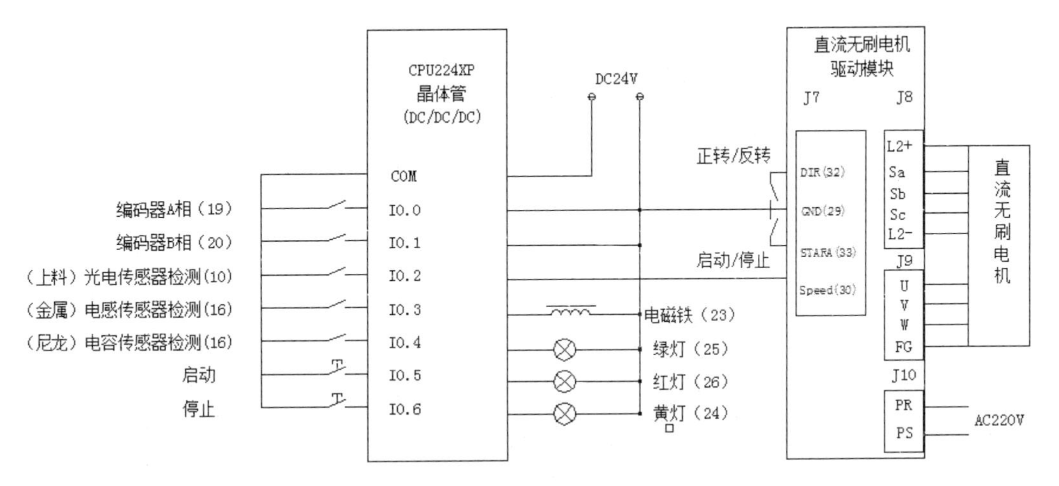

图 6-10　控制回路设计

二、电路接线

实验台如图 6-11 所示，左起为编码器、是否有料检测、金属材质检测、分拣 A 区、电磁阀、分拣 B 区。根据设计的电路，完成实验台、直流无刷电机、直流无刷电机控制器、PLC 的接线。

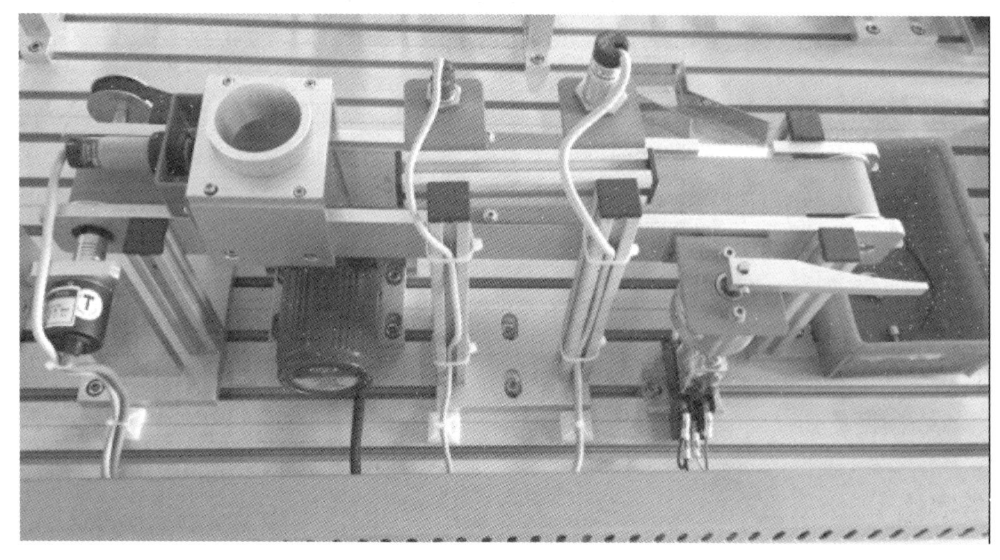

图 6-11　分拣装置实验台

三、程序设计

根据光电传感器，检测是否有料，然后决定是否启动直流无刷电机传送带工作。根据金属检测传感器检测工件材质，并启动电磁阀做相应动作，达到分拣效果。为了在传感器位置正确检测，故采用编码器定位。电机运行速度由直流无刷电机控制器的 Speed 控制，Speed 又由 PLC 的模拟量输出控制，通过需求改变 PLC 的输出模拟量大小，以此控制电机的速度。主程序设计如图 6-12 所示。

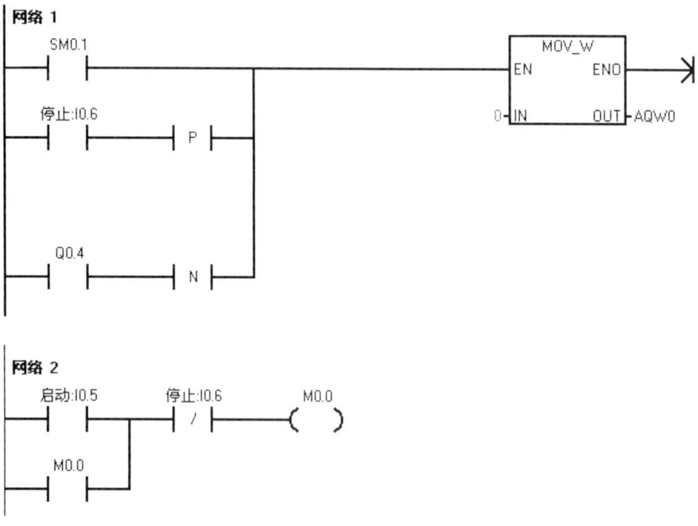

网络 1
SM0.1
停止:I0.6
P
Q0.4
N
MOV_W
EN
ENO
0
IN
OUT
AQW0

网络 2
启动:I0.5
停止:I0.6
/
M0.0
M0.0

图 6-12　主程序

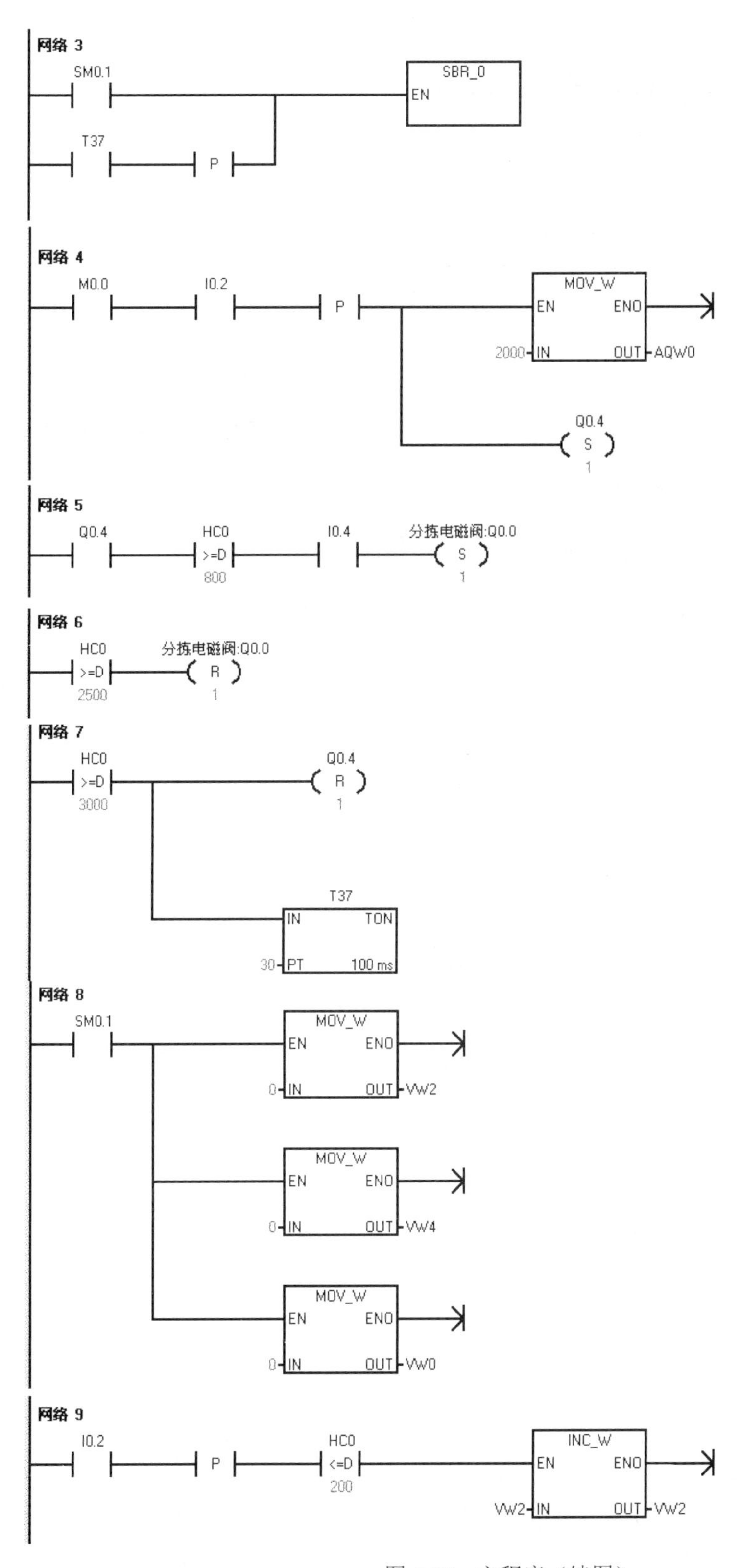
网络 3
SM0.1
SBR_0
EN
T37
P
网络 4
M0.0
I0.2
P
MOV_W
EN
ENO
2000
IN
OUT
AQW0
Q0.4
S
1
网络 5
Q0.4
HC0
>=D
800
I0.4
分拣电磁阀:Q0.0
S
1
网络 6
HC0
>=D
2500
分拣电磁阀:Q0.0
R
1
网络 7
HC0
>=D
3000
Q0.4
R
1
T37
IN
TON
30
PT
100 ms
网络 8
SM0.1
MOV_W
EN
ENO
0
IN
OUT
VW2
MOV_W
EN
ENO
0
IN
OUT
VW4
MOV_W
EN
ENO
0
IN
OUT
VW0
网络 9
I0.2
P
HC0
<=D
200
INC_W
EN
ENO
VW2
IN
OUT
VW2

图 6-12 主程序（续图）

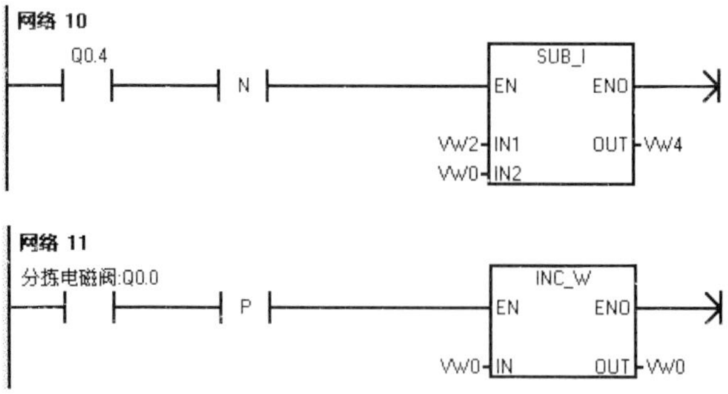

网络 10
Q0.4
N
SUB_I
EN
ENO
VW2
IN1
OUT
VW4
VW0
IN2
网络 11
分拣电磁阀:Q0.0
P
INC_W
EN
ENO
VW0
IN
OUT
VW0

图 6-12 主程序（续图）

编码器、高速计数器采用 HSC0 方式 9 工作，以此来准确定位。高速计数器初始化程序如图 6-13 所示。

网络 1
SM0.0
MOV_B
EN
ENO
16#F8
IN
OUT
SMB37
MOV_DW
EN
ENO
+0
IN
OUT
SMD38
MOV_DW
EN
ENO
0
IN
OUT
SMD42
HDEF
EN
ENO
0
HSC
9
MODE
ENI
HSC
EN
ENO
0
N

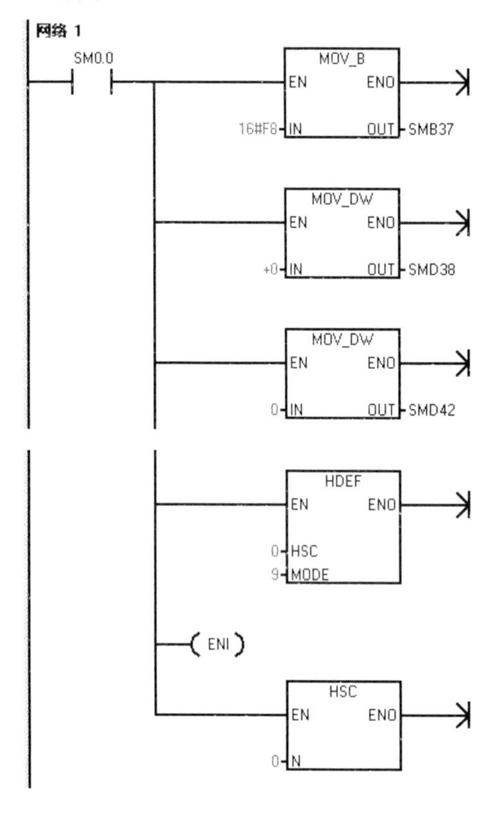

图 6-13 初始化程序

学生活动：完成程序设计

四、调试

学生活动：

（一）修改程序

1. 触摸屏可启动、停止系统。
2. 电机运行速度可通过触摸屏界面设定。

（二）触摸屏界面设计

（三）调试

【任务评价】

考核项目		考核要求	配分	评分标准	扣分	得分	备注
态度 （20分）	出勤	不迟到早退，不无故缺勤	10	缺勤1学时，扣0.5分 迟到早退1次，扣0.5分 请假2学时，扣0.5分			
	文明	无违纪现象	5	严重违纪，项目0分处理 安全事故，项目0分处理 其他情况酌情扣1～5分			
	主动性	主动学习，帮助他人	5	不主动，扣5分 一般，扣2分 尚好，扣1分 好，扣0分			
技能 （70分）	安装	正确安装元器件	10	安装不规范，每处扣2分			
	配线	动力回路接线 控制回路接线 接线工艺	10	不按图接线，扣10分 接错或漏接，每根2分 工艺问题，每处扣1分			
	直流无刷电机控制器	能通过PLC模拟量控制直流无刷电机的速度	20	不会，扣20分 不熟练，扣10分 不能独立完成，扣5分			
	调试	能根据任务要求选择合适的传感器； 能正确进行调试	30	不会，扣30分 不熟练，扣10分 不能独立完成，扣5分			
表达与研究能力 （10分）	口头或书面表达	能阐述直流无刷电机控制器控制方法。 能讲清楚分拣编程思路。 能讲清楚通过触摸屏控制直流无刷电机的启停及速度	7	每错1处，扣0.5分			
	研究能力	有一定自学能力，能进行自主分析与设计	3				
总分	总结： 1．我在这些方面做得很好 2．我在这些方面还需要提高						

【思考与练习题】

1．在PLC模拟量输入为2000下，监控编码器的HC0，请计算直流电机的速度是________转/分。

2．若要改变传送带的速度，请修改相关参数。

参考文献

[1] 西门子技术手册．应用于驱动技术的通用型变频器产品样本，2008．
[2] 西门子技术手册．MicroMaster 420 通用型变频器使用大全，2013．
[3] 西门子技术手册．MicroMaster 430 通用型变频器使用大全，2011．
[4] 西门子技术手册．MicroMaster 440 通用型变频器使用大全，2011．
[5] 王建．西门子变频器入门与典型应用．北京：中国电力出版社，2011．
[6] 变频器应用与维修．国家级精品课程．浙江机电职业技术学院．
[7] 西门子技术手册．SIRIUS 软起动器宣传手册．2010．
[8] 西门子技术手册．3RW 软起动器产品目录．2010．
[9] 西门子技术手册．SIRIUS 软起动器选型工具．2011．
[10] 西门子技术手册．电机起动器 SIRIUS M200D．2013．
[11] 江西省职业技能鉴定指导中心．国家职业鉴定指南——维修电工．